长白山动物家园

苔原笔记

■ 朴正吉 著

长 春 出 版 社
全国百佳图书出版单位

图书在版编目（CIP）数据

长白山动物家园. 苔原笔记 / 朴正吉著. -- 长春：
长春出版社, 2025. 1. -- ISBN 978-7-5445-7672-7

Ⅰ. Q958.523.4；Q948.523.4

中国国家版本馆CIP数据核字第2024YH1616号

长白山动物家园——苔原笔记

CHANGBAISHAN DONGWU JIAYUAN——TAIYUAN BIJI

出 版 人　郑晓辉
著　　者　朴正吉
责任编辑　高　静　李玺楠
封面设计　王志春

出版发行　长春出版社
总 编 室　0431-88563443
市场营销　0431-88561180
网络营销　0431-88587345
地　　址　吉林省长春市朝阳区硅谷大街7277号
邮　　编　130103
网　　址　www.cccbs.net

制　　版　长春出版社美术设计制作中心
印　　刷　长春天行健印刷有限公司

开　　本　787mm×1092mm　1/16
字　　数　155千字
印　　张　12
版　　次　2025年1月第1版
印　　次　2025年1月第1次印刷
定　　价　75.00元

　　长白山历经亿万年的沧海变迁，形成了火山地貌、构造地貌和冰川地貌等奇特景观，在不足 50 千米的范围内，浓缩了亚欧大陆景观的整个面貌。这里有长白山火山植被发育形成的界线分明的植被垂直带，如在强风的作用下树干长得弯弯曲曲的岳桦林带，由抗寒、喜湿的云冷杉等针叶树组成的针叶林带，落叶阔叶树和针叶树混生的针阔叶混交林带，还有多种阔叶杂木组成的阔叶林带。因多样的植被类型、土壤、气候、地貌和地质条件，这里容纳了 1400 余种植物，养育着 400 余种脊椎动物、上千种昆虫和其他类群动物。

　　虽然我们还没有充分的证据推论出长白山山地苔原带形成的准确年代，但通过对炭化木的碳同位素的测定，可以认定长白山火山大爆发的年代距今已有千年。也就是说，现在我们看到的山地苔原带是上千年漫长岁月演变的结果。山地苔原带的面积约 158.6 平方公里，环绕着天池呈锥状分布，岩石、火山灰、火山熔岩、小灌木、草本、火山湖和许多真菌、苔藓、地衣、野生动物，构成了复杂的山地苔原生态系统。

　　多年来，我在山地苔原带开展了哺乳动物、鸟类、昆虫、两栖爬行类动物及其他动物的调查工作，也定期环绕天池穿梭在群山之间，观测山地苔原带次生灾害发生情况和发展趋势。多年的考察工作，使我对山地苔原有了新的认知。山地苔原带的植物、动物以及历史痕迹是丰富多彩的，充满着火山演绎的富有趣味的自然故事。

这部山地苔原笔记主要讲述了山地苔原带野生动物生存的故事、独特的地貌和山地苔原生态的脆弱性。山地苔原的魅力，唤起了我的激情与回忆，激励我把观察到的事物写出来。山地苔原比其他生境更具特别意境，然而人们并不熟悉它的特殊样态，它色彩丰富、充满活力，在风雨和冰雪中顽强地生存。山地苔原带的动物和植物成为我写作灵感的来源，它们是山地苔原智慧和精神的象征。山地苔原是一座强大的天然水塔和生态屏障，它的未来与人类的活动息息相关。我希望这本书不仅是对山地苔原的一种赞美，更希望这片充满极地特色的高山苔原能得到人们广泛的珍惜，进而切实对其予以保护。

本书的写作离不开所有支持我、鼓励我的人，在这里我衷心感谢陪伴我从事野外调查的朴龙国研究员、睢亚橙先生以及所有同事，感谢范宇光博士和周海成先生为我鉴定真菌和苔藓实物标本。最后，感谢长白山山地苔原带的所有生灵……

目　录

01. 初涉大山净土

◎天池和前景花

　　我小时候住在长白山脚下二道白河镇的小山村，上学的时候，每天都能看到远处白色的大山。那时，这里仅有几十户人家，见不到几辆汽车，是严格意义上的保护区。只有保护区的工作人员、集训的冰雪运动员和科学研究人员可以去往那座山。

　　每当放假或空闲的时候，我常会爬上高高的瞭望台，欣赏那座神秘的大山。有时，我感到大山就在眼前，有时又感觉它很遥远。在晴朗的天气里，整座山的雪都在闪闪发光，一道道清晰的山岭就像沟谷中流淌着的溪水。有时火山岩浆流淌过的痕迹仿佛还在流动，让人觉得山也在流动。冬季，山上覆盖着白雪；到了春季和夏季，山脊处露出岩石和草地，沟谷里却还堆积着厚厚的雪层，宛如一条条树根从山的顶部向四面伸展。这是上千年风雪交加造就的杰作，是山地苔原历史变化的痕迹。水从这里奔向远方，条条溪流最终汇集成了东北大地上的三大江。

◎二道白河

1974 年，我即将结束中学的学习，我们班组织了去长白山参观游览的活动。我的心情非常激动，因为就要亲身感受大山的魅力了。那天是 6 月 29 日，星期六。一大早我们就在学校集合好，等待大卡车的到来。大卡车是长白山自然保护区派的，是一辆解放牌汽车。我们争先恐后地爬上车，寻找合适的位置。车厢两侧是用木板钉制的长条板座，可以坐一排，其余的学生在车厢里站着。我们班有 30 多人，车厢里挤满了人。我站在了车厢后部，可以看到路边的森林和车后面的路。

　　汽车缓慢地驶离了村屯，伴随着一群少年男女的欢笑声。我们就像从来没有远行过一样，每个人都特别兴奋。车行驶在长白山自然保护区区界的公路上，这条公路是伪满时期修建的老路，宽不到 5 米，是用石头和泥沙铺垫的土路。路两侧每隔一段可见挖土取沙形成的方状大坑，里面积满了水，形成大小不等的池塘，有些池塘里还长着水草。

　　这条路上一年里也没有多少车辆通过，道路两侧的树很多，路面坑坑洼洼，虽然车速不快，但颠簸得厉害，一会儿把我们甩到一侧，一会儿又甩到另一侧，每当这时都是一片惊叫声。

　　在泥土路上行驶的车掀起灰尘，风又把泥沙卷回车上。我们的头上、脸上和衣服上都是灰，眼睛和眉毛也蒙上了一层灰，满嘴的沙子。我在后面看着在旋风中飘移的沙尘，很长时间也不消散，车走过后的路上是长长的灰色长龙。车行驶了一个多小时，才走完 30 多公里。颠簸了一个多小时，我们才到达保护区的白山管理站，也就是现在的长白山北山门。我们在这里休息几分钟后就进入了长白山原始森林。

　　这里海拔在 1000 米以上，我们很快就感到有股和下面不一样的冷气。土路上充满了湿气，行驶的车不再掀起阵阵灰尘，这里的路面平整多了，颠簸也减少了许多。我们可以静心观看路旁的景色，可以听到汽车发动机的轰鸣声，因为每走一步都是在爬坡。我在车厢后侧，看到汽车经过的时候路边小树摇摆的模样，听到树叶摆动发出的声音及路旁小鸟的鸣叫声。我还看到小花鼠和松鼠在路面上穿越，几只好奇的鹿在路旁站着。被突如其来的汽车惊动了的花尾榛鸡从路边笨拙地起飞，落到树枝上。

　　到了险桥前，司机停下车，下车察看险桥的情况。险桥是因为这里地势非常险峻而得名的，桥是用几根原木搭建的，桥面上横铺着厚厚的木板，桥宽只能容一辆卡车通行。桥下是 20 多米深的沟，两边是几乎垂直的岩壁，狭窄的河道流淌着发源于山地苔原带的三道白河。车缓慢地经过桥面，压得木板似乎都在撬动，不时发出轻微的嘎吱声。从车上俯瞰真的很吓人，但又觉得很稀奇，因为从没有见过平坦的地势中还暗藏着如此险要的深谷。我们都惊叹了，有的同学甚至不敢多看一眼，还发出了恐惧的叫声。

　　汽车还在吃力地爬坡，马达声越来越大，排气管吐出黑黑的烟气。道路两侧的针叶树越来越矮小了，茂密的森林里非常阴暗，几乎看不到明亮的地方，阴湿的地面、树干基部、石头、倒木……几乎所有的物体上都布满了苔藓和地衣。森林里最奇妙的是那些倒伏在地面上的大树，它们被繁茂的苔藓包裹着，上面点缀着黄色、白色、红色或灰色的蘑菇，有些倒木上还有一排排小树整齐地生长着。这里林立的大树上，几乎都挂着长

◎针叶林下倒木纵横，地面覆盖着厚厚的苔藓

◎森林里的苔藓世界

长的丝状松萝，在微风下左右摆动。苔藓上零星生长着小草和灌木。松萝是青灰色的地衣，附着在针叶树上，它们在潮湿的环境下才会生长。

我们很快就到了地下森林的入口，道路两侧开始出现很大的球形或方块形岩石，看上去像是从高处滚落下来的。有的石块高 5 米以上，有的石头上甚至长着大树，树的根系错综复杂地包裹着岩石，还有许多草本植物也借助这棵大树生长在石头上。如此奇怪的事物让我好奇：那些树为什么偏要在贫瘠的岩石上生长？不过我更震惊于那些能够在石头上生长的植物，或许是空间不够，迫使它们选择了这个极端恶劣的环境作为生存之地？

◎石头上长着几棵大树，树的根系包着大石头

　　我们看到的大小不一样的大石块，原本位于火山口周围，是火山喷发时随岩浆喷出来的。火山喷发的力量无比巨大，在岩浆和气体，（如水蒸气、二氧化碳及其他稀有气体）的推动下，那些石头被冲上高空，体积大的就落在附近，体积较小的就会被喷得更高、更远。

　　我们爬上一个大坡，在道路前方的一道缝隙中，出现了长白山山地苔原带。这是我初次近距离观看的视觉感受，原来大树的背后还有如此开阔的原野！

◎几块岩石堆积在一起，从石头的形状看，它们经过了滚动摩擦的移动过程

◎ 开阔的苔原带

　　经过吉林省冰雪训练基地，汽车在去往天池和瀑布的路口停下来，我们班大部分同学都待在车上，只有我们几个人下车了。我看到路边的一棵树上有竖着刻的字，近前一看，是"抗联从此过，子孙不断头"十个大字，这是东北抗日联军经过的时候留下的。这棵树虽然看上去不是很粗，但已是老龄的枯立木了。

　　从这里到温泉还有 3 公里的路程，汽车行驶了 20 分钟左右，就到了路的尽头。大家纷纷从车上下来，经过长时间的颠簸，腿脚都不是很利索了。

　　休息了一会儿后，班主任戴毅晨老师带领我们沿着小道步行了500 多米，来到了温泉。这里是一处温泉群，面积不大，到处冒着热气，整个温泉群都笼罩在白色气体中，空气中还弥漫着硫黄的气味。温泉的一侧有一座用石头垒砌的房子，大约宽 4 米、长 6 米、高 2 米，分成两个空间，一间为男人用的，另一间为女人用的，中间用木板隔开。洗澡的人不多，应该是在这里工作的人员。简易澡堂的入水口是用小石头排列引水的，有热水入口和凉水入口。人们巧妙地用几块扁平的石板调节热水和凉水的流量，进而调节水温。需要热的时候，就加大热水入口的缝隙，过热的时候，就加大凉水入口的缝隙。

　　长白山火山地形区具有地底热源、岩层中的裂隙让温泉涌出、地层中有储存热水空间等形成温泉的条件。温泉是由地壳内部的岩浆作用形成、或随火山喷发产生的。火山活动形成砂岩、砾岩、火山岩等

◎温泉群

良好的含水层。因地壳板块运动隆起的地表、地下还未冷却的岩浆，均会不断地向地层释放大量热能，热量集聚在含水层，导致地下水温度升高，成为高温热水，而且大部分会沸腾为蒸气。处于高压状态的热量，顺着附近有孔隙的含水岩层上升至地表，源源不绝地涌升，终至流出地面，形成温泉。

长白山温泉大多分布在山谷中的河床上，属于硫酸盐泉。温泉水温最高可达 82℃，温泉水的循环深度可达 2600 米。温泉水的化学成分主要有 K^+（20.6 ppm）、Na^+（334 ppm）、Ca^{++}（53.6 ppm）、Mg^{++}（1.95 ppm）、HCO_3^-（908.2 ppm）、SO_4^-（3.4 ppm）、Cl^-（106.6 ppm）、NO_3^-（0.50 ppm）。与天池水相比，温泉水中的 Na^+、HCO_3^- 要高 6 倍，Ca^{++}、Cl^- 高 4 倍，K^+、Mg^{++} 高 3 倍。长白山火山监测站水化学观测数据表明，温泉水水温在逐年升高，这表明长白山火山正在进入一个新的活跃阶段。

我们沿着温泉走，没有什么明显的路，只能凭着感觉走向瀑布的方向。途中我们看到岩石缝隙中像老鼠模样的动物探出身子，抬起头发出口哨般响亮的鸣啼声，这是高山鼠兔。它是这里的"原住民"。突然在自己居住的地方出现这么多外来生物，它们会感到好奇或惊恐吧。

眼前的瀑布显得如此壮观，从瀑布跌落到潭底的水产生了大量水汽，就像烟雾一样

◎高山鼠兔

◎瀑布

弥漫在空中，雾气中出现了一道彩虹。瀑布的声音越来越响亮，飞速溅落的水变换着姿态奔腾而下。

来到长白山，看天池是头等大事。我们要爬到瀑布跌落的岩壁下一个狭窄的台阶后才能到天池边。这个坡很陡，足足有500多米。还有一条路线在瀑布的东侧，是泥石流形成的坡地。这个坡是从岩壁上跌落的石头堆积成的碎石坡，不时还会有石头滚下来。我们小心地分辨着人们在岩石间踩踏出的模糊痕迹，摸索着来到了峭壁与斜坡交接的地方，只见有一个不足1米宽的地方可以通过。我们小心翼翼地、几乎是半蹲着慢慢移动脚步，怀着忐忑的心情走过了约30米的危险地带，前面是一段比较平缓的地方。但走了一段距离后，又碰上了更为险峻的地方，这里是一道山脊，两边是悬崖峭壁，人只能从山梁上通过。在山梁上，我伸头看向幽深的谷底，那里还有冰雪堆积着，这也许是冰川地貌吧。地质学家对长白山古冰川、冰缘地貌的研究认为，在晚更新世曾发育过冰斗冰川，如今在天池火山口内壁仍能见到四处较大的冰斗冰川地貌。

这是我初次见到形如冰斗冰川的狭长椭圆形、上宽下窄的漏斗状深谷。记忆中约深 40 米，斜坡上可见巨大的岩石堆积在一起，向下望去感觉有些眩晕。大家从狭窄的刃脊背上艰难地爬着通过，接着是平坦的地势，急促的心跳慢慢平静了许多。我加快了步伐，想快些亲近天池。在一块比较平坦的大岩石上，有一座木质结构的房子。这是长白山顶唯一的房子，叫八卦庙。

八卦庙的正名叫宗德寺，在长白山天池北侧的天豁峰下，南距天池 100 米，西距补天石 150 米，是在悬崖岩石台地上用细木方和薄木板建成的木质结构庙宇。

八卦庙为三重壁，建筑面积 206.6 平方米。最外层为不等距的八角形，长边 11.4 米，短边 2.5 米，东、南、西、北各宽 14.6 米，门址在南墙中心。北墙为一方形墙壁，边长 11.2 米。门址在东北二墙中部，壁内侧各有一长方形基石，长 60 厘米、宽 40 厘米、高 30 厘米。顶部有长 28 厘米、宽 6.5 厘米、深 11.5 厘米的凹槽，当作立柱的基石。此方形墙壁内，还有正八角形墙，各边长 2.6 米、宽 6.3 米，门开在南墙偏东处。此八角形内，置有 8 个础石，间距 1.9 米。基石呈长方形，长 40~50 厘米，宽 30~40 厘米，厚约

20 厘米。在寺庙西南角外侧 3 米处，有一呈长方形的土木结构的道士住所，东西宽 1.9 米，南北长 6.7 米，面积为 12.7 平方米。门址在西墙偏北处，屋内有火炕。

据史料记载，八卦庙有宗德寺、崇德寺、尊德寺等多种称谓。建庙时间也不尽一致，一说建于 1929 年，主建人崔时玄；一说建于 1931 年，主建人曹周奎。据 1969 年调查过此庙的李柱哲记述：八卦庙最里面有两块高 70 厘米、宽 40 厘米、厚 3 厘米的圭形木碑，正面为楷书汉字，背面为篆字。

右边木碑的正面碑文，竖写三行：

道根载源舍堂更造
地于灵宫本无币寺
北接法大道主张宇白氏月氏善愿文

左边的碑文，上部横写"康""严"二字，下部竖写两行：

崔氏时玄功德
戊辰四月五日立碑

戊辰年为 1928 年。从立碑时间看，此庙最晚建于 1928 年，建庙人应是崔时玄。

这座庙存在了四十余载，如今已毁坏无存，只剩下残留的基座和几片木块。

碧蓝的天池水在微风中泛起波浪，一波接一波地拍打着湖岸。高空中，一群雨燕飞快地在湖面和悬崖间不知疲倦地飞来飞去，捕食着空中飞行的昆虫。几只乌鸦在地面寻找食物，可能是在寻找人们丢弃的垃圾或草丛中躲藏的昆虫。天池水出口的乘槎河两岸坡面上，牛皮杜鹃、小山菊、红景天、宽叶

◎峭壁上生长的一丛白山罂粟

◎潮湿的湖边生长的大白花地榆

◎乘槎河

◎天池小浪花

仙女木、大白花地榆等植物竞相开放鲜艳而独具特色的花朵，宛如云间花园。河岸边，几只白鹡鸰觅食着小飞蛾；平缓清澈的河水中，一<u>丛丛</u>水草顺水摆动着细长的身躯。看着那些矮小的攀附在光秃秃的山坡上的小花朵，感觉这里的一切是那么稀奇。

◎乘槎河中生长的水草

02. 走进山地苔原世界

◎苔原带

　　我喜欢动物、植物，喜爱绘画和摄影，非常热爱大自然中蕴含的美。这种充满绿色的环境，培养了我对生物学的兴趣。对我来讲，高山植被就像一个大花园、一个美丽的镶嵌图案、一个微缩了多种生命

◎云间花园

◎富有色彩的马
赛克景色

形式的复合体，它不仅令我着迷，也是许多自然科
学家探索自然奥秘的天堂。当我们走进长白山的时
候，首先要踏入温带森林的针阔叶混交林，接着走
进寒温带的针叶林，之后出现在眼前的是在我国罕
见的岳桦矮曲林和只能在欧亚、北美最北段和北极

圈出现的山地苔原带。实际上，从长白山脚下到主峰这 50 多千米路途，是从温带到寒带再到北极圈的一次神奇旅行，我们近距离目睹了从欧亚大陆到北极圈的景观类型。

我们来到海拔 1700 米以上的地方，有一种进入奇特而陌生世界的感觉。潮湿而凉爽的空气、不甚熟悉的岳桦树开始出现了。随着海拔继续上升，岳桦林逐渐稀疏，树干形态也变得弯弯曲曲。到了海拔 2100 米，岳桦树终于止住了脚步，出现了边界清晰的树木线，视野陡然变得明亮而开阔。那是一片开阔的由矮小灌木和草本植物构成的无林地带，那就是遥远的极地风光，也是东北独有的山地苔原带，像一颗镶嵌在长白山上的耀眼的绿色明珠。

◎岳桦曲林

◎花海

　　这里的植被由常绿小灌木、多年生草本、真菌、苔藓和地衣类构成，其外貌与极地山地苔原植被非常相似，尤其是苔藓地衣的相似度达96%。每逢春夏季，长白山的山地苔原上就开满了鲜艳而独具特色的花朵；秋季，植被以黄色、紫红色和绿色等各种颜色纵横交错地点缀着大地；冬季，皑皑白雪覆盖着这个绿色生命带。人们不禁为这里魔幻般季节交替的景色赞叹不已。

◎秋天的苔原

　　虽然长白山最高海拔 2700 多米，没有地貌意义上的雪山，但较高的纬度和特殊的位置使长白山具有高山的所有典型特点。人们从岳桦树弯曲的树干和匍匐状的奇异姿态，就可以得知这里风力的强劲。冬季漫长且多暴风雪、夏季短促而热量不足、土壤冻结、沼泽化现象广泛、土层薄而贫瘠，这些恶劣的环境条件不利于树木生长，因而形成了以苔藓和地衣为主导的山地苔原带。这里的植物越往上越稀少，植物的根系非常发达，植株矮小而有大型花序，色彩艳丽。这里的主要植物有笃斯越橘、牛皮杜鹃、毛毡杜鹃、松毛翠、白山罂粟、龙胆及苔草等百余种，岩石上有石蕊等种类繁多的地衣。

◎高山龙胆

◎倒根蓼

◎宽叶仙女木和长白棘豆

◎苞叶杜鹃

长白山的山地苔原带环境恶劣，从表面上看，动物、植物以及微生物种类应该是贫乏的。实际上，这里并不像人们想象的那样，这里的物种还是非常丰富多样的。

山地苔原带又叫冻原，仅分布于北半球，集中在北极地区。我国仅在东北的长白山、西北的阿尔泰山及青藏高原的高山带有高山冻原分布，它们是北极冻原在第四纪冰期波及北半球中纬度、在间冰期因气候逐渐回暖向北极退却过程中残留下来，并被迫迁移到高山带的冻原"片段"。

长白山位于欧亚大陆的东部，高山冻原的发育更多地受到太平洋海洋性气候的影响；阿尔泰山位于欧亚大陆的腹地，高山冻原的发育更多地受大陆性干旱气候的影响。因此，不同区域的高山冻原在植被组成上有着显著的差异。长白山冻原植被更接近于北极冻原，为我国植被增添了极地植被的类型，对深入研究北温带植被在第四纪冰川时期迁移情况具有重要价值。

在距今 6 亿年的元古代，长白山地区还是一片汪洋大海，在古生代石炭纪末才形成具有轻微起伏的准平原。在新生代第三纪末，由于喜马拉雅运动的影响，长白山发生了明显的隆起和断裂，开始了强烈的火山活动。在第四纪，以目前位于高山冻原中心部位的长白山天池（火山口）为中心，爆发了多次火山活动，使长白山中心部位不断抬高。距今大约 1.2 万年，长白山高山冻原带的地貌轮廓基本形成。此时长白山火山口仍有火山活动，但对高山冻原带地貌轮廓影响不大。长白山高山冻原地貌主要以火山地貌、冰川地貌和冰缘地貌展现在我们的视野里。

长白山主峰位于中国与朝鲜两国的国界线上，是我国东北海拔最高的山。长白山是我国独一无二的巨型火山，主要包括熔岩台地（海

◎天文峰火山锥体

◎长白山天池

拔 1100 米以下）和复式火山锥体（海拔 1100 米以
上）两部分。复式火山锥体由下部的盾形基座（海拔
1100~1800 米）和上部的火山锥（海拔 1800~2691 米）
两部分组成。火山锥体的顶部为多次喷发形成的巨型
火山口——天池（直径约 5.25 千米），长白山高山冻
原植被覆盖于火山锥体上。熔岩台地、火山锥体、巨
型火山口等构成了长白山火山地貌。

　　长白山高山冻原带位于高寒高湿的冰缘环境中，
在多种冰缘地貌营力的作用下，形成了多种冰缘地貌
类型。例如，在寒冻风化和重力的作用下形成的冰缘

地貌类型有石海、石流坡、倒石堆、岩屑锥等；在冻胀作用下形成的冰缘地貌类型有石带、石环（石呈多边形）、多边形土和小草丘等；在雪蚀和重力的作用下形成的冰缘地貌类型有雪蚀洼地、雪蚀槽谷、雪蚀岩晃和高夷平阶地等；在冻融蠕流的作用下形成的冰缘地貌类型有草皮蠕动、融冻泥流阶地和泥流舌等；在热融的作用下形成的冰缘地貌类型有热融湖塘等。长白山高山冻原带的各种冰缘地貌，塑造了丰富多彩的植物群落类型，不同植物群落寻找着适宜它们生存的冰缘环境，形成了自己的家园。

◎火山地貌

◎冰原地貌

◎冻融作用下的草皮蠕动

◎寒冻风化作用下的岩屑锥

◎石流坡

◎水蚀沟

长白山高山冻原带的气候特点是云多雾大，全年雾日为 189~253 天，年平均太阳总辐射量为 506.6 J·cm^2·年$^{-1}$，年平均日照总时数为 2295 小时。根据设在长白山高山冻原带的天池气象站（北纬 42°01'，东经 128°05'，海拔 2623.5 米)10 年观测资料统计，长白山高山冻原带年平均气温 –7.4℃，最热月（7 月）平均气温 8.4℃，最冷月（1 月）平均气温 –23.8℃，极端最高气温 19.2℃，极端最低气温 –44℃，活动积温（≥ 10℃）为 118℃，无霜期为 60 天，平均年降水量 1345.9 毫米，年平均空气湿度为 74%，八级（或风速为 17.2 米 / 秒至 20.7 米

/秒)及以上大风天数为270天。长白山高山冻原带北坡每年有数块越年雪斑。

联合国教科文组织1980年把长白山列为世界自然保留地，认为长白山为世界生物圈保留地网的重要组成部分。此世界生态保留地网由代表世界诸类主要生态系统的保护区组成，致力于为人类服务之自然保护和科学研究，也是测量人类对环境影响的标准。

随着自然景观在海拔高度上的抬升，生物有机体在较短的空间距离内被暴露在多个梯度之上，这是一种可以在世界所有纬度和气候区都能够观察到的最明显的生物学现象之一。如果没有这种景观的抬升，人们要观察到这种现象就需要向北极旅行数千公里。一代又一代的植物学家为长白山这个天然的实验室所吸引，不断地探索着植物和生态系统对高山环境的响应。

◎联合国教科文组织之长白山世界保护地碑文

03. 探秘山地苔原带的土壤动物

对于研究人员来说，山地苔原带是神秘的地方，他们一直都希望在这里寻求和获取灵感，探索山地苔原的一花一叶和生活在这里的生灵。

我印象最深刻的是1979年跟随中国地理研究所研究员张荣祖老师一起考察山地苔原带的经历。那是我初次走进山地苔原带，也是初次感受和领略如此广阔的景观。走在山地苔原上，我感觉很特别，矮小的植物、苔藓和地衣铺满地面，踩上去就像软软的海绵，人走起来左右晃动，几乎失去了平衡。踩下去的痕迹很快就恢复了原样，弹性特别好。在行走时能感到有的地方地下是空的，我清晰地听到了空空的响声，有一种莫名的兴奋。

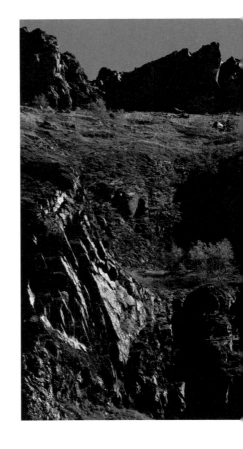

◎ 黑风口

◎苔原

我们到了黑风口，从这里可以目睹壮观的二道白河大峡谷。向上仰望，悬崖上的岩石五颜六色，岩石堆积的纹理和起伏的石峰奇形怪状；俯视谷底，温泉群热气蒸腾，飘浮起一缕缕白色的雾气。峡谷的上部，瀑布直下，激起浪涌，一条洁白的河流在谷底蜿蜒流淌——那是一条永不变色的白河。

从谷底到黑风口的高度有 500 米左右，悬崖上有一个大豁口，看上去就像一扇门，灰色、黑色和深褐色的火山碎屑岩堆积成一道屏风。一旦天池上空风起云涌，这里便飞沙走石，天

◎二道白河 U 型大峡谷

◎形态奇异的悬崖

◎温泉蒸腾的热气

◎白河急流

昏地暗。此时此刻，狂风表现出席卷一切的磅礴气势。

风蚀作用使这里的景观很有特点，张老师准备在这里选择取样点。他在一块岩石凸起的地方站住，看着上面说："这里海拔 2000 多米，相当于喜马拉雅山的海拔 4000 米，气温、植被有相似的特征。"接着他便讲起了长白山山地苔原带和青藏高原的区别、植被特征，以及在这样的生境研究土壤动物的重要意义。

我们按照取样步骤采集了地面上不同土壤剖面层的土样，又将每个取样点非常仔细地恢复原样，接着向海拔更高的地方出发。我们是按不同海拔高度选取土样的，从山地苔原带海拔 2000 米至 2600 米的范围计划选取 6 个取样点，也就是海拔每升高 100 米选择一个取样点。

苔原上一阵风、一阵雨，时而又阳光明媚，在短短几个小时内，我们见到了变化莫测的天气现象。一阵风吹来，那些矮小的花草便倾斜向地面，随风摇动；一阵雨后，滴落在花草上的小水珠缓慢地在叶面上滚动，在阳光下闪烁着小亮点。远处，一块云的影子在坡地上掠过，接着便是阳光普照。美丽的苔原景色让人流连忘返，可是我们采集的土样不能滞留太长时间——时间长了，藏在土壤样本里的微小动物就会死亡——所以我们要抓紧时间原路返回了。

几个小时后，我们回到了中国科学院长白山森林生态系统定位站，紧接着便开始处理采集来的土壤样本。首先要测土壤的含水量、干重等。我们采用干漏斗法、湿漏斗法和解剖镜下手检等方法分拣土壤动物——每个样本取一定量的土壤，分别放在干漏斗、湿漏斗过滤器上提取土壤动物，其原理是用灯光照射，使土壤里的虫子向阴暗处移动，最后进入采集器里。还有一些土壤标本是直接用解剖镜观察，同时手拣土壤里的动物。几个人忙了很长时间，才处理完采集来的土壤样本。

经过近一个月的调查，我们发现，山地苔原带有线虫纲、腹足纲、姬蚯蚓类、熊虫、拟蝎、蜘蛛、蜱螨、倍足纲、大蜈蚣、弹尾目、半翅目、双翅目、鳞翅目、鞘翅目、膜翅目等动物。其中，优势类群为弹尾目、姬蚯蚓类；常见类群为蜱螨、线虫纲、鞘翅目、双翅目。土壤动物主要分布在地表下 4 厘米的苔藓根层，以弹尾目为主，球角跳虫科最多，其次为跳虫科、筒跳虫、圆跳虫；蜱螨居次，主要为甲形螨科，鼻螨科也不少。土深超过 4 厘米，以弹尾目为多；8 厘米深的土层以线虫纲为主；12 厘米以下土层薄，仅有极少的球角跳虫。姬蚯蚓主要分布在山地苔原带，在其他类型的针阔叶混交林或针叶林生境中比较少见。

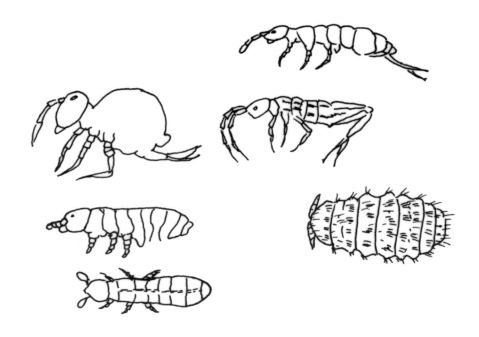

◎土壤中常见的弹尾目动物

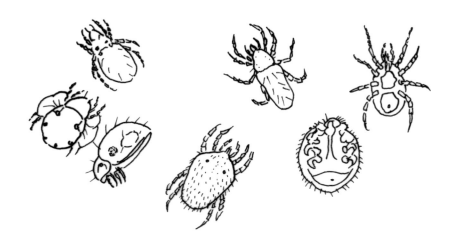

◎土壤动物中的各种蜱虫

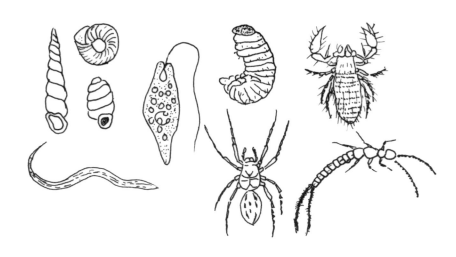

◎土壤中出现的螺、线虫、蟹、蜘蛛、鞘翅目幼虫及双尾虫等

山地苔原带的土壤动物还是比较丰富的，虽然没有海拔较低的森林地带那么多，但是在山地苔原带那样的极端气候和环境条件下，还是有适宜的土壤动物。它们在山地苔原带生态系统中起着重要作用，如分解植物体、改善土壤结构、疏松土壤、改善土壤的通气性等。而且，土壤动物是食虫类鼩鼱等动物的重要食物来源，维系着该系统生物的多样性。

植物生长所需的营养，主要依赖凋落物分解过程中利用土壤中的矿物元素与有机物质转换释放的营养物质。这是一个非常复杂的生物、生化和物理过程。其中，生物过程取决于微生物和无脊椎动物的联合活动。土壤动物先将凋落物粉碎，增大微生物的作用面，再利用体内的酶与寄生细菌，将凋落物转换成盐类和植物易吸收的物质。土壤动物的活动，促进了土壤腐殖质和团粒结构的形成，增加了土壤透气性。

在漫长的岁月中，植物的叶、茎、根等残体堆积在山地苔原带的凋落物层中，形成透气或以薄膜水充注的环境。这种环境中如果没有土壤动物参与，凋落物就会因细菌或真菌作用而"发霉"，长时间维持其物理形态；但土壤动物参与后，因植食、腐食及菌食等活动，加速了凋落物的分解，同时产生大量的动物排泄物。

那是我初次接触在地下生活的动物，在解剖镜下看到那么神奇的土壤世界。土壤排列的空间结构是那么有空间几何感，我似乎进入了神秘的迷宫般。在缝隙中蠕动的小线虫，在空隙间弹跳的跳虫，缓慢爬行的幼虫，还有鲜红的蜘蛛……我被地下富有灵气的生物迷住了，于是拿起笔，在洁白的纸张上画了跳虫、熊虫、蜘蛛等。因为非常着迷，所以我画得很精心、逼真。老师们看了都赞美，并建议我往生物画方面发展。后来，在张老师和陈鹏老师的推荐下，我有机会在东北师范大学生物系进修生物绘画。我的老师是于振洲先生，他教我写毛笔字，教我透视，教我国画等。

在与张荣祖老师接触的短短一个月时间里，我收获非常大。张老师曾经在课题组会议中，鼓励我写点土壤动物方面的论文；看了我的读书笔记后，建议我记笔记的时候在笔记本的左侧或右侧留下行宽十分之一的空白，这样后期有什么想法或新的认识时，可以在空白处写进去；对于阅读论文，尤其是外文文献，他建议我至少要阅读3~4遍，这样在充分理解论文的观点、方法和论据的同时，也提高了自己的外文写作水平。一个看上去简单的建议，让我在后来的研究工作中，养成了反复阅读研究领域相关文献的习惯，让我在材料数据整理及论点的讨论等方面有了质的提高。

04. 山地苔原带的哺乳动物

◎高山鼠兔

　　长白山山地苔原的昼夜温度和季节温度的剧烈变化，可能是限制动物分布的一个重要因素；在超过了某一高度的时候，另一个重要因素出现了，那就是食物的逐渐稀少。在树林带的边缘以上，食草类动物的生存只能依赖高山草地的植物，再往上，就只能依赖那些在岩隙中勉强求得一席立足之地的少数植物了。这样的植物，一年之中大部分时间被雪覆盖着，自然只能成为很贫乏的食物来源，尤其是在冬季。因此，许多种动物为了解决食物贫乏这一困难，只好隐蔽在穴中冬眠，或者迁移到海拔较低的地方过冬。

山地苔原带并没有典型的高山动物种类分布。在长白山的山地苔原带，最有代表性的动物应属高山鼠兔。高山鼠兔属于兔形目的一种，仅生存于兴安岭和长白山。这种动物喜欢栖息于岩石堆积的地方，好像更喜欢生活在干燥多岩石的地方，因此适应了在熔岩之间生活。它们昼夜活动，通常单独占据一处地面或岩石洞穴丰富的地方。

◎高山鼠兔

高山鼠兔喜欢啼叫，险情来临的时候常常发出有节律的叫声来相互报警，或通过啼叫向同类传达自己所在的区域。每天除吃草外，它们便在洞穴前做日光浴。它们能在乱石堆和岩石间的缝隙中敏捷地穿来穿去，巧妙地利用洞穴系统躲避捕食者的袭击。每当夏末，它们便开始在洞穴内积储干草，准备迎接严寒多雪的冬天。

高山鼠兔具有很强的环境适应能力，分布于广泛的生境，可以栖息于高山上，也可以栖于低山带，并能储存足够的食物度过严寒，可以说是山地苔原带的超级优势种。它们对生态系统的影响很大。另一种同类的东北兔也住在很高的地方，冬季一般不超过树木线，但夏季可以超过树木线。还有几种有趣的啮齿类动物生活在山地苔原带，一种是广泛分布的花鼠；另外还有生活在森林地带的棕背䶄、红背䶄和大林姬鼠。其中，大林姬鼠栖息在海拔 2600 米以上的地方，甚至可以生活于山锥顶部。

◎花鼠

◎棕背䶄

　　长尾斑羚曾经栖息在山地苔原。斑羚集成小群栖息于悬崖、森林和草地之间，是极熟练的攀岩者，它们在乱石堆中敏捷地往来跳跃，如同在平缓的草坡上一样。长尾斑羚并不限于长白山才有，在新疆、兴安岭等诸山区也有分布，它们曾如黄羊一样很普遍，但现今只存在于少数几个地方。它们有短而直的角、粗糙的毛皮和厚密的鬃，长着一身深灰色的长毛。在喜马拉雅山，长尾斑羚可以在海拔 5000 米以上的区域生活，但是在东北等地则生活在较低的地方。一般情况下，它们 4~8 只结群同栖，常常出没于多树的山峡间，尤好栖于多岩石的森林中，晚上多在悬崖峭壁处休息，白天则到茂密的草地上吃草。

◎长尾斑羚

　　食虫的鼩鼱类小型兽在长白山分布很广，主要生活在海拔2000米以上的高山山地苔原上。长白山山地苔原带有着丰富的比较原始的跳虫。这里大多数昆虫不具有发达的翅膀，但它们极富弹力的肢体，使它们能在低矮茂密的矮丛和大风条件下，在草丛和岩石间跳来跳去。跳虫类喜欢在开阔的矮草地生活。此外，还有很多蝗虫类、甲虫类和蜘蛛等，这些小虫子是食虫类动物的美味，这就使得几种鼩鼱成了山地苔原带的居民。

　　2012年和2014年，我在山地苔原带采用陷阱法调查了小型哺乳动物，采集到的鼩鼱类有小鼩鼱、中鼩鼱、大鼩鼱和栗齿鼩鼱。鼩鼱因在地下活动，眼睛已经退化。它们在地表浅层挖洞，形成密密麻麻的地下洞道，起到了疏松土壤、增加透气性的作用。它们捕食地表和在地下活动的虫子，有时也捕食个体较大的鼠类、两栖类等。它们在捕食和排泄过程中，控制了昆虫数量并在物质循环方面起到重要作用。它们在严寒的季节不冬眠，而是在很厚的雪被下生活，捕食在雪下活动或冬眠的虫子。

◎大鼩鼱

◎栗齿鼩鼱

除了陆生的鼩鼱外，还有水陆两栖的水鼩鼱。水鼩鼱是比较罕见的种类，它们的脚和尾都有硬的毛钳边，生活在高山上的溪流中，游泳的本事非常出色，专食水中的昆虫和小鱼。水鼩鼱可以一年四季漫游于峻岩与雪原之间的河流中。令人难以想象的是，有几种蝙蝠在接近长白山主峰边缘的地方活动。远东鼠耳蝠可见于海拔 2300 米高处，而褐长耳蝠也曾见于主峰。高山上有上百种昆虫，可以推断这些虫类资源足够供给食虫类生存所需的食物。

在食肉动物中，黑熊特别喜欢到山地苔原和岳桦林中活动，尤其是秋季，山地苔原带遍地分布的笃斯越橘和小苹果成熟的时候，它们就来这里享受浆果的美味。它们吃越橘的时候，喜欢整株拔出来，舔食浆果。黑熊觅食的过程，不仅损伤了越橘树，还会对山地苔原地表产生影响。长白山山地苔原带与平原草地是截然不同的两种类型，即便如此，许多森林种及平原种也能到达相当可观的高度。如赤狐也出现在山地苔原带，它们多在林缘和草地过渡区域活动。在同样高度还有黄鼬、香鼬和伶鼬活动。紫貂也出现在树木线以下的有林地带，但几乎不在没有树木的开阔草地上活动。这些鼬科动物和犬科动物都具有耐寒能力，到了冬季，它们身上增添了厚密的绒毛，变得特别耐寒。而伶鼬到了冬季会全身披上白色的绒毛，这是一些典型的极地种类特有的本能。

各种有蹄类动物，尤其是马鹿，在夏季高山上为数甚多，也特别有趣。春季，随着雪的融化、青草的茂盛，它们从低处开始逐渐向高处移动；夏季，它们迁移到高处，既可以避开蚊虫，又可以在开阔的草地觅食，度过炎热的夏天。怀着崽儿的雌鹿，选择在宁静且捕食者干扰小的地方产崽、养育幼崽；雄性个体那宽大而粗壮的茸角在这里慢慢地硬化，储备着秋季争夺交配权的力量。山地苔原带开阔的空间

◎ 伶鼬

成了秋季争夺配偶的战场，每当黄昏和夜晚，雄性马鹿的嚎叫声响彻整个山谷。

　　最有可能侵入山地苔原地带的物种，是那些生活在山地苔原外围的动物，它们有一定的适应性，会通过冬眠或迁移来逃避恶劣天气和资源短缺的影响。比如，各种有蹄类动物都表现出季节性的垂直迁移。狍子和野猪也常常出没于森林和山地苔原带之间，以避开蚊虫叮咬，度过凉爽的时光。偶尔也有原麝在山地苔原带觅食各种苔藓和地衣。罕见的是，野猪的侵入以往很难见到野猪在高山上活动的踪迹，可是近年来，这个非常贪吃和具有超强拱地本领的物种，竟然出现在海拔2000米以上的山地苔原带。野猪在山地苔原带到处掘地来获取食物，不仅损伤了地表植被，更严重的是把山地苔原带薄弱的地表也毁了，野猪的活动可能导致次生的水土流失或更严重的灾害。

长白山没有真正意义上的高山动物，山地苔原带有着极北地区的特殊植物区系，但是长期居住在这里的哺乳动物种群并不多，只有高山鼠兔和啮齿类可视为这里的优势类群。

山地苔原带动物相对稀少的状态是由此地极端寒冷所致。不过在长白山火山熔岩台地上，却有丰富的笃斯越橘、越橘和豆科植物分布着，这也导致此处经常有熊光顾，还有觅食浆果的花尾榛鸡和花鼠等。据保护区工作人员反映，曾经在山地苔原带见过松鸡科的雷鸟。从山地苔原带丰富的浆果资源来看，在北极生活的雷鸟也许曾经生活在这里。

◎花尾榛鸡

　　长白山山地苔原成为许多动物的庇护所，它们过去广泛分布于森林地带，现在依靠这里的山地苔原躲避人类的捕杀或蚊虫叮咬。长白山凉爽的高山气候，使得一些原属于北方森林的动物能侵入这里，包括野猪、貂、熊等。

　　高山动物区系中的主体仍是啮齿类，它们都有很好的毛被，所食之物大都相同。为了躲避霜冻，多数动物变成了日行性，仅有很少的种类才在夜间活动。可奇怪的是，在长白山高山动物中，真正冬眠的种类很少，同时仅有很少动物种类有储存食物的习性。

　　高山上的植物比较矮小，大种子的植物缺乏，因此，动物较其他低山带少得多。但是，海拔高度差异在某些程度上可以代替纬度的差异，因此有些属于寒冷地带的动植物种类也能分布在这里。

　　在山地苔原带，长期居住的哺乳动物种群为数不多，仅有十余种，这可能是由于此地极端寒冷所致。积雪可将地下活动的动物与冬季的低气温隔离开，使动物免受由寒冷造成的伤害。所以，在积雪较薄的山脊上，一般地下活动的动物少，而在有积雪的谷地中，则生活着大量土壤动物、食虫类和啮齿类动物。

　　山地苔原带的动物是如何适应严寒环境的，是一个非常有趣的课题。随着人们观察的不断深入，相信会有更多发现和新的认识。

05. 山地苔原带的鸟类

◎飞翔的雨燕

　　有记录的在长白山山地苔原生活的鸟类，包括繁殖和迁徙途中路过的种类有60余种。其中，在山地苔原带繁殖的鸟类有领岩鹨、鹪鹩、白腰雨燕、燕隼、红隼和普通鵟等；一些繁殖生境更广泛的鸟类，如大嘴乌鸦、褐河乌、灰鹡鸰、白鹡鸰、花尾榛鸡等，主要分布在森林区域，它们是山地苔原系统的重要组成部分。

　　长白山天池由 21 座峰环抱，构成了特殊的生境，特别适于高山雨燕的繁衍，在它的高草地上还有着丰富的昆虫动物区系。高山上的昆虫种类还是比较丰富的。在潮湿的环境中，有很多虫子在天池和瀑布的上空飞行，这是鸟类和蝙蝠的猎取对象。因此，夏季有大量白腰雨燕在陡峭的石壁上栖息，形成"高山上的鸟岛"。雨燕群是猛禽追随的目标，红隼和燕隼时常展示它们那高超的捕猎技能，在雨燕群中

燕隼

红隼

针尾雨燕

白腰雨燕

普通鵟

穿行，也时常被庞大的雨燕群围攻。而个体较大的普通鵟，则时时盯着在地面上活动的鼠兔、东北兔、花尾榛鸡等。鸟类、啮齿类和鼩鼱类则成为在高山上栖居的食肉类猛禽的基本食料。

　　繁殖季节在苔原活动的鸟并不多见，迁徙季节能够见到柳莺和山雀鸟。在山地苔原带比较常见的在地面营巢繁殖的有领岩鹨和鹪鹩。领岩鹨与其他鸟有着不同的羽衣，它的羽毛密度大而且厚、短小且紧密贴身，这样就不会在大风中松散，它还具有与环境相融合的羽色。

◎领岩鹨

　　领岩鹨是一种适应高寒山区的高山鸟类，是长白山山地苔原带最常见的鸟类之一。它们常单独或成小群活动，极其活跃，或在空中边飞边鸣，或在石隙间跳跃，遇到危险时则快速钻入石隙间隐蔽或迅速飞逃。领岩鹨飞行迅速，飞行姿势呈直线前进。

　　春夏时节，可以听到从远处传来的领岩鹨的甜美歌声，它们时常较长时间地站在山地苔原带的碎石上鸣叫，鸣声极为婉转动听。它们在乱石堆的石穴中，用苔藓、草茎和细草根营巢，之后产下 3~4 枚青色或浅蓝色的卵，由雌鸟独自孵化，雄鸟只负责警戒，孵化期半个月。它们主要以昆虫和地面上的小种子为食，冬季迁徙到遥远的地中海地区。

　　还有一种与领岩鹨生活习性相似的鸟——鹪鹩，也喜欢在苔原生活。它们在岩石堆的缝隙中活动，很少显露自己，也不高飞，仅在地面小范围活动。如果它不鸣叫，人们很难发现它的存在。鹪鹩虽然看上去体形非常小，但它鸣唱的声音特别响亮，而且音调多样，能唱出一连串清脆的响铃般的歌声，每次发出的叫声

◎ 鹪鹩

都较其他鸟类长一些。可以说，没有什么鸟能胜过鹪鹩的一连串鸣叫的长度。鹪鹩是长白山本地的留鸟，对环境的适应性很强，长白山到处都有它们的身影。

鹪鹩生活在整个欧亚大陆，在林地、灌丛、河岸甚至花园中植被茂密的地方，都能见到它们。尽管它们身长只有 10 厘米，但很容易被认出来，因为它们喜欢从一株栖木穿梭到另一株栖木上，并在茂密的枝丫间、石头缝隙或倒木根下比较阴暗的空洞中钻来钻去。它们一般在林下灌木层中飞行、休息、停留，鸣叫时，尾巴垂直翘起，不停地上下轻弹。它们通常从清晨到黄昏甚至夜晚都鸣叫。

早春时节，它们发出超高音的歌声，似一种响亮的颤音。当雄鸟确定自己的领地并试图吸引配偶时，就会唱出这种声音。雄鸟和雌鸟结合后，开始在领地内共同营巢，巢一般筑在小溪沟和河流边的树根下，也会筑在倒木上的树洞内或大块岩石的缝隙洞穴中。它们的巢非常精细，巢材以苔藓、松针、干枯树叶为主，内垫羽毛。巢呈球形，侧开口。雌鸟每窝产 4~7 枚乳白色卵，卵的钝端有少量锈斑。孵化期 10 天左右，雏鸟为晚成鸟。冬天，它们经常在任何一个可以挤进去的小缝隙或洞里栖息取暖。

在山地苔原带活动的鸟类基本上以迁徙鸟为主，季节性活动于这个开阔的地区。小型啮齿类和鼩鼱类构成了在高山上栖居的食肉类动物的基本食料。高山上，隼、鹰以及鼬科动物数量不少，它们猎食鸟类、蜥蜴以及鼠类等。

山地苔原带丰富的笃斯越橘和越橘浆果成熟的时候，大嘴乌鸦便集群活动在这里，觅食营养丰富的果实。松鸦有时也成群地活动在山地苔原带，它们二三十只成群，在地面觅食。秋季，山地苔原带那些没有翅膀的蝗虫只能在地面跳跃，松鸦便捕食这些蝗虫。所以，本应

◎大嘴乌鸦

◎松鸦

该在海拔较低的林缘或农田里活动的松鸦，也集体亮相于开阔的山地苔原带。

在我的记忆中，鸦科动物是山地苔原带的常客，除了常见的大嘴乌鸦和松鸦，星鸦也会出现在山地苔原与岳桦交错带中。有一次，我在西大坡考察时，在接近山地苔原带的地方见到一棵红松幼树，从树干枝节节数来看，有12年的树龄。我知道距这里约10公里的地方才有红松母树，那么，这颗红松是如何到这里的呢？后来，每当经过这里的时候，我都会思考这棵红松幼树的来历。直到我偶然见到星鸦从空中飞过，我恍然大悟，认定是星鸦把红松种子带到这里并埋在了土里。星鸦是鸦科鸟类的成员，体长约 32 厘米，分布于中欧，并向东延伸至亚洲，常见于针叶林中。在飞行中，它们圆形的翅膀和清晰的黑白相间的尾巴很容易辨认。

星鸦的食物种类繁杂，昆虫和浆果是它们夏季的主要食物，而在秋冬季节，它们主要吃各种各样的坚果，尤其喜爱红松的种子。像松鸦一样，星鸦也储存食物，但不会把食物集中埋起来，而是把一些种子成小堆地藏在树桩的裂缝里或枯死的树皮下面。它们会记住食物储藏的位置，在雪被覆盖的冬季，能非常准确地找到食物并慢慢享用。

星鸦在每年年初开始繁殖，到 3 月底，在茂密的针叶树中筑起一个用树枝搭成的，铺满苔藓、青草和毛羽的巢，然后产下 3~4 枚蛋，主要由雌性孵化。

◎星鸦

　　山地苔原带是一片开阔的地方，但是在这里很少见到喜欢在辽阔草原上生活的鸟类。在一个风和日丽的春天，我在黑风口下部见到一只浅褐色杂斑的小鸟在空中振翅鸣叫，像云雀一样发出悦耳的鸣声。只见它从地面垂直飞起，飞升到很高的天空上振翅鸣唱，有时做极壮观的俯冲回到地面。这只鸟是短趾沙百灵，在山地苔原带见到它的身影真的是偶然，几十年来我都没有再遇见过。看上去是一次邂逅，但是山地苔原带的生境的确适合它们生活。

　　短趾沙百灵栖息于干旱的平原及草地，分布于古北界南部至蒙古及中国。短趾沙百灵体长 13 厘米，具褐色杂斑，无羽冠，颈部无黑

◎短趾沙百灵

色斑块，嘴较粗短，胸部纵纹散布，站姿甚直，上体满布纵纹，尾具白色的宽边而有别于其他小型百灵。它们的巢隐藏得很好，在地面凹陷处。它们每窝产 4~5 枚淡褐色杂有灰色和紫色斑点的卵，孵化期大约 13 天。雏鸟在羽翼丰满之前就离开鸟巢，由雌雄鸟照顾一段时间，直到它们完全能够飞翔并自己觅物。短趾沙百灵以昆虫、蠕虫、蛆、蜘蛛和小种子为食。

赤颈䴙䴘

白鹡鸰

凤头潜鸭

◎褐河乌在瀑布上下水域活动

　　迁徙季节，有一些鸫鹟类路经长白山山地苔原带，也有雁鸭类的红头潜鸭、凤头潜鸭及䴙䴘类的小䴙䴘、赤颈䴙䴘出现在天池和小天池水面上。它们在天池水面游动，身影在光的折射下被放大，常常引起人们对天池存在怪物的猜想。树栖性鸟类很少出现，地栖鸟类出现的次数多一些。

06. 山地苔原带的两栖爬行类动物

◎极北蝰

　　那些不惧严寒的家伙，生活在恶劣的高山山地苔原上，它们的生活充满了生机和智慧……经过长期进化，它们掌握了适应环境的技巧，它们是大自然的奇迹。

◎东北林蛙

　　5 月的长白山，高山上还被冰雪覆盖的时候，东北林蛙就从沉睡中慢慢苏醒过来，穿过雪被覆盖的坡地，来到它们熟悉的沼泽地繁殖。小天池南侧，沼泽地周边零星的杜鹃开了花，藜芦从地面蹿出 10 厘米高，三尖菜也长出 15 厘米左右，放出了 3 片叶子，其他大多数植物才刚刚萌发，东北林蛙已经结束了产卵。它们在池塘里向阳的浅水中产下卵，在阳光充足的时节完成孵化变态的生产周期。

　　沼泽地中有大量死亡的林蛙个体和受损的卵团，也有已经孵化的小蝌蚪，从时间上推测，东北林蛙产卵期为 5 月上旬。林蛙产卵的沼泽地水温 9℃，气温 12℃，整个水面有 200 多个卵团，因水位下降而干枯的卵团有 80 个左右，受精率 99%，卵核呈白色的占 60%——可能是被电击损伤，或者受到冰冻伤害所致。这里没有见到极北鲵产下的卵袋。

6月，在小天池边浅水处可以见到极北鲵的卵袋，有100多对，小蝌蚪还在卵囊里摆动着细长的身躯，它的外鳃已经非常明显。

7月是这里气温最高的月份，也是雨水最多的时候，这时是两栖类蝌蚪变态的阶段。我来到林蛙主要繁殖场——沼泽地调查时，正好赶上蝌蚪长出4条腿、外鳃还没有完全退化。这些完成变态的小幼蛙登上陆地，聚集在沼泽地边阳光充足的矮小草地中。可能是因为坡地周边较远处的湿度不大，它们不敢冒险踏入干燥的地方，暂时聚集在湿度较大的地方，等待一场雨后再慢慢分散。岸边密密麻麻的小幼蛙在我面前蹦跳，我每迈一步都非常小心，生怕踩到它们。

我在这里采集了大约20只东北林蛙成体，主要做林蛙的食性、血液、体内寄生虫等分析。

©泥炭沼泽

解剖发现，成蛙的胃里竟然有许多自己的小宝宝，这是两栖类动物普遍存在的吞食自己幼体的现象——因为成蛙把在地面移动的小幼蛙当成了活生生的猎物——由此可以肯定成蛙没有分辨能力。在这里我还发现了一堆鼬科动物的粪便，也许是黄鼬，它们也会来这里捕食林蛙。

虽然小天池的极北鲵产卵时间较东北林蛙晚一些，但7月份，卵已经变成了小蝌蚪，像小鱼苗一样，在水中游动。它们的外鳃较林蛙发达得多，就像鱼的腹鳍，游动时还不停地摆动。在高山上，极北鲵要到第二年才能完成从蝌蚪到幼体的变态过程，而在海拔较低的地方当年就可完成变态，变成小幼体。

◎ 极北鲵

东北林蛙的活动范围很大，它们可以攀爬陡坡，到山地苔原带的草地上觅食各种昆虫。我见过几只成体和亚成体，主要活动在湿度大的沟地中。神奇的是，无斑雨蛙也在高海拔的草丛茂密的地方生活。它们的数量极少，在即将下雨或雨过天晴的时候，草丛中会发出几声响亮的叫声。它们距离水源如此遥远，是在什么地方产卵繁殖的呢？也许，它们会选择山地苔原草地上小小的浅水坑或岩石凹进的积水处产卵，也许会在能够兜水的杯状蘑菇上或蹄叶橐吾等大叶子上产卵，因为这里的夏季几乎每天都有降雨，能够维持繁殖所需的水量。

山地苔原带的岩石堆积丰富，向阳的碎石坡是丽斑麻蜥喜欢居住的地方。阳光使得草本繁盛，因而有许多虫子生活在这样的环境，丰富的食物使得丽斑麻蜥成群聚集在一起。我曾经在石堆坡上见到数只丽斑麻蜥在石块上晒太阳。它们非常灵巧，可以在石缝间爬行，很难徒手捕捉到它们。

山地苔原带比较寒冷，雪被覆盖的时间很长，极北蝰蛇却非常适应这里的恶劣气候，怡然自得地生活着。岩栖蝮多活动在乱石堆这样石缝丰富的地方，而这里正是高山鼠兔居住的地方，岩栖蝮也是为了猎捕它们而选择在这里生活。在我几十年的山地苔原科考中，很少见到蛇类，因为它们的数量很少。据我观察，在山地苔原带生活的两栖动物有中国林蛙、极北鲵、无斑雨蛙，爬行类有丽斑麻蜥、极北蝰、岩栖蝮。曾有人在山地苔原带发现过竹叶青蛇，我认为这是东洋界分布的种，可能是通过其他途径进入的个体。

两栖类动物中，东北林蛙在山地苔原带是比较常见的，

◎ 极北蝰蛇

◎ 岩栖蝮

它的适应能力强，而且山地苔原带降雨量较大，湿度很高，适合两栖类生存。

我在 20 世纪 90 年代开展了东北林蛙生理生态研究，对于长白山高山地带人类活动较少的区域，林蛙的体内寄生虫感染率是否有地区差异产生了兴趣。

　　我从白河、漫江、湾沟、小天池等地采集林蛙样本，定期从野外捕捉解剖，再进行分检，记录各器官内寄生虫的数量、寄生部位症状等，共剖检150只林蛙，收集到2561条寄生虫标本。初步查明有6种寄生虫，其中吸虫3种、线虫3种，主要是呼吸系统和消化系统中的寄生虫，肝脏器官内未见有寄生虫感染。

　　长白山地区林蛙的寄生虫病源分布广泛，仅吸虫类在小天池中未出现，这可能与该地生境物理条件、生物因素和病源媒介有关。长白山山区线虫感染率最高，其中主要是肺线虫和十二指肠肠道寄生线虫。而长白山高山上分布的林蛙体内寄生虫感染率较其他地区低。为了了解林蛙肺部寄生虫感染情况，我解剖了200只林蛙，检测蛙肺，结果呈阳性的有191只，感染率为95.5%。根据200只林蛙体内的450条肺线虫的鉴定结果，仅查到肺线虫1种，即双角棒线虫。从区域来看，小天池的林蛙肺线虫感染率及感染强度较其他区域低。

　　长白山地区病源分布广泛，感染率及感染强度较高。在剖检中我发现，感染较重的个体有大量线虫堵塞气管，肺组织有气肿或充血肿胀，表面有暗色出血点，甚至出现肺组织化脓等病变，因此可以认为肺线虫对东北林蛙的寿命危害严重。对不同区域样本的肺寄生虫感染率进行比较分析可见，温度较高地区的肺线虫对动物的感染非常明显。

07. 山地苔原带的昆虫

◎昆虫

　　据文献记载，长白山山地苔原带分布的昆虫已知的有 8 目 15 科 97 种，占长白山国家级自然保护区总量 1255 种的 7.7%。长白山山地苔原带的昆虫种类及数量相对较少，以鳞翅目、鞘翅目、直翅目、膜翅目昆虫为多。无翅和短翅种类多，代表性种类有柯氏无翅蝗、日本鸣蝗、条纹无翅蝗、绿组夜蛾、黄绿组夜蛾、异秀夜蛾、紫棕扇夜蛾、红胸花萤、异色瓢虫、灰眼斑瓢虫。

◎异色瓢虫

◎无翅蝗虫

◎东方菜粉蝶

◎褐带赤蜻

　　山地苔原带的昆虫通常没有翅膀或翅膀非常短，这可能是因为在短暂的生长季节，有限的能量都分配给了发育和繁殖，而不是耗费能量很高的飞行器官上。生长季节很短，限制了昆虫体型的大小以及每年产生后代的数量。

　　动物的生命周期经常在时间上被拉长或者是被缩短，因为无脊椎动物需要几个不同的季节来完成其生命周期。山地苔原带的昆虫大多小巧玲珑，体态小型化可能是缩短世代更替时间的一种对策。此外，分布在山地苔原带的个体比分布在温度较高地区的同种类个体生长要快。因此，山地苔原带的无脊椎动物都以非常高的效率，利用相对短暂的温暖季节来完成其不同阶段的生活史。

高山山地苔原带由于生态条件差、气候变化无常，不利于昆虫生长发育，大多数昆虫难以生存。从植被角度来看，无树木生长，只有一些低矮灌木和耐寒性的草本植物。植物种类少，昆虫食料贫乏，因此影响到昆虫的种类和数量。长白山山地苔原带的昆虫以鞘翅目为主，占比66.3%。其中，高山小步甲比较常见，直翅目次之。随着一些显花植物开花，昆虫有了补充营养源，才出现膜翅目、双翅目昆虫，且数量有所增加，甚至可以见到个别飞翔而过的树粉蝶。

◎高山眼蝶

◎黑胫宽花天牛

在长白山，蝗虫的分布很有意思。蝗虫属于广温性昆虫，分有翅型和无翅型两大类。无翅型蝗虫主要分布在山地苔原带，有翅型蝗虫则很少出现在山地苔原带。无翅型蝗虫随着海拔高度的下降而减少，有翅型则随着海拔高度的下降而增加。山地苔原带风力大，平均每年八级及以上大风天数达260~300天。由于风大，有翅型蝗虫不宜飞行，逐渐退化或被淘汰，生存下来的几乎全是无翅型和小型蝗虫。山地苔原带的蝗虫体长一般在0.8厘米，最短的仅0.4厘米，可以称得上微型蝗虫了。由此可见，生境条件是影响蝗虫体型变化的一个重要因素。

◎条纹无翅蝗

◎日本鸣蝗

　　山地苔原带常见的蝴蝶有高山绢蝶和高山眼蝶。高山绢蝶也叫小星绢蝶，属于山地苔原带的特有种类，成虫出现在 7~8 月份；高山眼蝶出现较晚，主要在 8 月中旬，数量不多。高山绢蝶成虫在晴朗的日子里飞翔，飞行高度不高，不甚迅速。偶尔会看到凤蝶、蛱蝶、粉蝶访花活动，它们均不属于山地苔原带的特有种类，而是由森林地带入侵或被风吹来的访客。高山山地苔原带的蝴蝶仅占长白山地区蝴蝶种类的 1.9%。长白山地区的蝴蝶主要分布在针阔叶混交林带，占 85% 以上。

◎高山绢蝶

　　高山上分布着比较原始的跳虫，大多数跳虫不具有发达的翅膀，但都具有富有弹力的肢体，能在低矮茂密的矮丛和大风条件下，在草丛和岩石间跳来跳去。

　　一位日本学者曾经在长白山苔原科考，采集到一种弹尾目昆虫标本。这只弹尾目昆虫的身体是

◎蟹形蛛

◎蜘蛛捕食

黑色的，个头比较大。他采集的方法是用石头或锤子敲打石头，迫使它弹跳起来。我和南京师范大学的一位博士也尝试了这种方法，在岳桦林和山地苔原带敲打石头，但是没有发现这种跳虫。后来我也经常敲打石头，还是没有结果。但是，我在寻找这种动物的时候，常常见到一些蜘蛛。在山地苔原带的确有不少蜘蛛活动，常见的有狼蛛和长相很像蟹子的蜘蛛。后来，我采集了一些蜘蛛的标本，送到吉林大学基础医学院，朱传典老师鉴定了这些标本。海拔较高的地方分布的蜘蛛有蟹蛛科的波纹长逍遥蛛、金黄逍遥蛛、弓足梢蛛，以及狼蛛科的星豹蛛等。山地苔原带也偶见盲蛛目的盲蛛，个头较低海拔地区的要小一些。

在山地苔原带遇见蝴蝶是不容易的事情，原本高山大风和气温较低的地方蝴蝶种类就少，况且这里经常是大风天气，所以难得一见翩翩飞舞的蝴蝶。尽管如此，我还是见到一只漂亮的小蝴蝶，翼展有3厘米左右。它在山下很难遇见，但在海拔2000米以上的苔原带却可以看到它。它是在苔原带分布的特别的蝴蝶，叫高山绢蝶。7月和8月苔原遍布野花的时候，它们才出现在云间花园，开始繁衍活动。绢蝶的毛毛虫是一种非常壮观的动物，全身黑色，身体两侧有大的红色斑点和蓝色疣。短暂的一个月里啃食绿色的小叶片，然后找到化蛹的地方隐蔽起来。

苔原植物的传粉过程是比较复杂多样的，除了少数植物以风为媒传粉外，大多数植物需要访花昆虫来完成授粉。在苔原蝴蝶非常稀少的情况下，数量最多的甲虫类昆虫就成为这里主要的传粉者。苔原带比较常见的是高山小步甲，它身段细长，有3对发达的足和长长的触须，在花朵上缓慢移动。即使在风雨中，小步甲依靠发达的腿也能牢固地攀附在花朵中。其次是直翅目的野蜂，在一些显花植物盛开的时候，

◎橡黑花天牛

◎访花天牛

◎熊蜂传粉

野蜂在花朵间飞来飞去，吸收花蜜。还有个头特别小的小红蚂蚁也光顾花朵，吸收营养。

实际上，苔原上如此丰富的显花植物盛开的时候，鲜艳的花朵总会吸引许多从花朵中吸取营养的昆虫和其他以花蜜为食的动物，如甲虫、蝇、蜘蛛和树粉蝶等。植物通过花朵吸引访客，在短暂的时间内完成授粉过程。

◎小山菊和昆虫

◎天池边出现的褐斑异痣蟌

08. 北极残留的苔原植物

◎苔原植物

　　高山冻原带是东北亚大陆上唯一的研究高山原始植物的宝库。高山山地苔原植物共有维管束植物 167 种，其中蕨类植物 8 种、裸子植物 4 种、被子植物 155 种，还有 70 余种地衣和 135 种苔藓。从种类来看，广布种占 22.1%，北半球温带分布种占 77.3%，热带分布种占 0.6%。

　　山地苔原带的植物具有典型的温带性质，呈北极高山间断分布式的种类居多，在组成上与北极冻原有很高的相似性。据统计，有58.6%的种与北极冻原共有，其中地衣与北极冻原种的共有率为58.7%，苔藓与北极冻原种共有率为76.3%，维管束植物与北极冻原种共有率为40.5%。

　　与其他植被类型的组成相比，高山冻原带植物种类组成显得很贫乏，群落结构简单，层次不明显，其中藓类地衣层在群落中起着特殊作用。高山冻原带冬季严寒，土壤为发育在火山灰上的山地冻原土，土层很薄，表层是薄的泥炭层，其下有棕黄色的沙壤土，再下就是由火山砾组成的母质层。山地苔原植被由苔藓、地衣、多年生草本和矮小灌木组成。

◎苔藓、地衣、灌木、草本和岩石

山地苔原带的植物通常为多年生，多数种为常绿植物。灌木种类以常绿的矮小杜鹃类为主，主要有牛皮杜鹃、毛毡杜鹃和苞叶杜鹃等，其他的还有高山笃斯、宽叶仙女木和西伯利亚刺柏。苔藓地衣类植物有塔藓、大金发藓和枝状地衣等。低矮的植株可以使这些植物在冬季受到厚层积雪的保护，而常绿这种生活型又能使它们充分利用短暂的夏季，一旦雪水融化，就开始进行光合作用，进而迅速地开花结果。

◎牛皮杜鹃

◎毛毡杜鹃

◎长白红景天

◎松毛翠

　　山地苔原带的植物越往高处越稀少，具有特殊的生活型。植物的根系发达，植株矮小，有大型花序，色彩艳丽。山地苔原带的主要植物有笃斯越橘、杜鹃、松毛翠、高山罂粟、龙胆及苔草等80余种，属于极地种类的占三分之一以上。岩石上有石蕊等种类繁多的地衣。

◎白山罂粟

◎高山龙胆

植物的根系非常浅，贴近地表向四周延伸，如圆叶柳的根系在地表可延伸 2 米以上。由于长白山山地冻原是在季风气候的控制之下，与高纬度平地山地苔原不完全相同，相对来说植物种属较多，但基本上仍以极北寒地植物为多。八瓣莲、笃斯越橘、越橘、松毛翠、苞叶杜鹃、圆叶柳、牛皮杜鹃，以及草本中的细柄茅、蒿草、矮羊茅、单花萝蒂、鹿蹄草、岩菖蒲、极地米努草、蟋蟀苔草、二叶苔草、珠芽蓼等，都与极地植被非常相似，这种相似性与冰川南移有关。

冰川退却后，这些植物上山"避难"，在本区与极地生境近似的长白山高山带定居下

◎圆叶柳

◎长白岩菖蒲

◎山飞蓬

来。但在这里特定生境的长期影响下，一些种发生了变异，形成一些特有种类，如北假景天长白变种、毛山菊高山变种、长白地杨梅、高山罂粟、长白柳、多腺柳、长白鹿蹄草、高岭凤毛菊变种及长白苔草等。

　　长白山高山山地苔原由于海拔高度、坡向、地形特征及土壤条件不同，存在着群落分异、结构不同的群丛。总的趋势是随海拔增高，地形开阔，强风的作用使植被覆盖度逐渐减小，植物种类减少，植株趋于矮小，苔藓种类及数量减少，而地衣种类及数量则不断增多。

　　以生态与外貌的差别和植物的优势度为依据，长白山高山冻原植

◎高岭凤毛菊

◎宽叶仙女木

◎高山芹

◎斑花杓兰

被类型可划分为群丛、群系和植被型 3 个基本等级。群丛是长白山高山冻原植被分类的基本单位，是植物种类组成、层片结构、外貌和生态环境基本一致的植物群落的集合，是具体存在的植物群落实体。群系是长白山高山冻原植被分类的中级单位，由建群种或共建种相同的群丛联合而成。植被型是长白山高山冻原植被分类的高级单位，是由植物生态学特性相似、植物群落外貌相似的一些群系联合而成。目前，苔原植被可分为 5 个植被型、36 个群系、59 个群丛。

◎ 苞叶杜鹃和牛皮杜鹃群系

◎ 笃斯越橘和毛毡杜鹃群系

◎ 牛皮杜鹃和松毛翠群系

◎松毛翠群丛

◎高山扁枝石松群系

◎毛毡杜鹃与牛皮杜
鹃群系

◎宽叶山柳菊

◎丝梗扭柄花

◎瓦松

09. 苔原上的雪斑

◎苔原上的雪斑

　　夏季，整个苔原绿意盎然，衬得一块块雪斑特别醒目。最初踏入山地苔原带时的印象让我至今记忆犹新。在炎热的夏季，阴坡、洼地和沟谷等地仍然有大小不等的雪堆。我好奇地走到雪堆上，才发现这雪堆不完全是松散的雪，而是雪与冰的组合，但以坚硬的冰为主。这

◎低洼阴坡积雪非常厚，有的雪斑长年融不尽

些雪斑是高山苔原带寒冷、低温、湿润、大风、雨雪充沛气候条件下形成的越年雪斑地貌的产物。

从远处看，雪斑就像一块盖在地面的雪被，实际上它是一个庞然大物，有的厚度可达10米以上。有的雪斑不是很厚，体积也不大。雪斑的形成可能与地形有关，一定深度的洼兜地形和光照是形成雪斑的主要条件。雪斑主要分布于长白山火山锥体的东北、北和西北侧海拔2300~2600米的潮湿洼地，一般分布在冬季积雪较厚且年积雪时间较长的地段。

在雪斑上行走，感觉雪斑浅表是松软的雪和少量的水，雪斑的低处流淌着水，水量不大，缓慢地流动着。这些地段的雪被一般要到七八月份才能融尽，雪斑下面不深处有多年冻土层。由于坡地上方的雪斑不断融化以及多年冻土层的存在，所以以雪斑为源头形成了浅浅的溪沟。雪斑的边缘被融化的水缓慢浸透，使得该地段的土壤始终被融雪润湿着，形成了鲜明的湿环。溪沟和边缘湿润的地表生长着耐寒喜湿的植物，如大白花地榆、高

◎越年雪斑

◎大白花地榆群丛

山红景天和肾叶高山蓼等，还有一些半灌木或小灌木，如牛皮杜鹃、山莓草和圆叶柳等。这些植物比其他草地上的植物更绿、更高。而多种灌木草本和苔藓地衣植物已不适合在这种潮湿低温的环境下生长。

这些植物在湿润的环境下生长得很茂密，青绿的草常常引来马鹿、野猪和高山鼠兔等食草动物。茂密的草丛也是适宜蜘蛛、线虫等繁殖的环境。丰富的虫子资源和潮湿的环境给两栖类动物提供了舒适的栖息地。

冬季雪被的厚度和越年雪斑的分布，构建了多样的植物群落格局。各种植物群落的分布随着雪被存留时间的长短有规律地递变着。随着雪斑融净的早晚，植物群落出现了各种类型的群系，如珠芽玄茅群系、毫毛细柄茅群系、长白乌头群系、高山乌头群系、大白花地榆群系、肾叶高山蓼群系等。

雪斑的融水常年不断润湿土壤，导致土壤温度很低，所以剖面上层有时会出现泥炭化薄层。这里有多年冻

◎逐渐退缩的雪斑

◎越年雪斑边缘退缩的痕迹

土层，有的土层最大融冻深度只有 10~20 厘米。一年中没有雪被覆盖的时间一般只有一个多月，在这段时间里，在土层下 20~30 厘米处仍有永冻层。这种环境中的优势种为肾叶高山蓼，其次为山莓草、其他种子植物和假长嘴苔草等，约有 70 余种耐寒喜湿的植物生长在雪斑附近。

雪斑是苔原带特有的典型地貌，它缓慢地融化，不断地为大地补充水分，滋养着地上的植物。雪斑的数量和面积在不断发生变化，20 世纪 70 年代，这里的雪斑分布较广，但是近几十年来，许多小块的雪斑已经消失，只留下它曾经存在过的斑痕。现在我们在苔原上能够看到的雪斑寥寥无几，而且残留的雪斑的面积和体积正在逐渐退缩。

雪斑的退缩是有原因的，主要与温度的变化有关，这间接反映了全球气候变化的趋势。从某种意义来说，雪斑退缩现象说明长白山苔原受气候变化而产生了不稳定性和不确定性。

10. 山地苔原带的真菌和蕨类

◎蕨类——长白石杉

　　真菌是山地苔原带生态系统中非常重要的一员。这里虽然寒冷、生长周期短，但还是有一些真菌在这里生长。据考察发现，山地苔原带伞菌类仅有 8 种，基本为生长在地表的残落物、腐殖质上或直接生长在枯枝落叶层上的腐生菌，如杯伞、环柄菇、皮伞等一些种类。这些菌类的菌丝在枯枝落叶层中吸收枯枝落叶的养分而没有抵达腐殖质层。这些腐生性真菌在土壤形成过程中起着重要作用，它们是森林生态系统中的主要分解者之一，它们分解枯枝落叶等，将复杂的有机物转化为简单的矿物质，促进物质循环。除了伞菌类，比较常见的还有高山菌类，如肉色红菇、美味红菇、长白乳菇、褐疣柄牛肝菌、红疣柄牛肝菌、黑疣柄牛肝菌、赤褐鹅膏、绢盖丝膜菌、漆蜡蘑、鸿油菌等。

◎褐疣柄牛肝菌

◎复生乳菇

◎润滑锤舌菌　　　　　　◎杏黄鹅膏

◎漆蜡蘑　　　　　　　　◎豹斑鹅膏

◎杯伞　　　　　　　　　◎长白乳菇

　　长白山冬季降雪量很大，山地苔原带的雪期长达
10 个月，平均积雪深度可达 50 厘米，最深可达 1 米
以上。深厚的雪被使以根茎越冬的蕨类能安全度过严
冬，因此在海拔 2000 米以上的高山苔原带也有许多
种蕨类植物生长。

◎蕨类——高山扁枝石松

　　山地苔原带分布的蕨类主要为岩生蕨类，它们生长在岩缝、岩石以及砾石山坡上，生态幅度狭窄，分布比较零散。长白山地区的蕨类有 74 种，其中长白阴地蕨为长白山的特有种类。而山地苔原带可以见到 20 余种蕨类，主要有卷柏、温泉瓶尔小草、乌苏里瓦韦、有柄石韦、过山蕨、银粉背蕨、细毛鳞蕨、高山石松等。这些蕨类一般生长在阳光充足、比较干旱的地方，多为寒带性蕨类和北极周围植物区系的种类。其中，阴地蕨和温泉瓶尔小草属于古生代下半纪孑遗的种类，说明了长白山蕨类植物区系的古老性。

◎温泉瓶尔小草

11. 山地苔原带的"拓荒者"——苔藓和地衣

◎ "拓荒者"

　　山地苔原带之所以美丽，是由于苔藓在长白山不同植被类型中生长繁盛、成分各异、种类繁多。可以说，长白山是北温带寒冷地区苔藓植物生境的典型代表。

◎苔藓和地衣附着在岩石上，制造了有利于植物生长的条件。画面中可以见到长白红景天、莎草等植物

山地苔原带以苔藓植物为主要成分，可以称得上是高山山地苔原植物带。这里虽然山高风大、严寒持久、天气变化无常，但作为"拓荒者"的苔藓植物中一些耐寒、耐旱的种类在此大片生长且发育良好，有的还形成垫状群丛。山顶裸露的岩石或冻土上，时而可见星星点点具孢蒴的垫状苔藓丛，如紫萼藓、岩生黑藓、真藓、兔耳苔、钱袋苔等。

山坡上半埋没的各种砂藓、皱蒴藓、垂枝藓，还有直径几厘米甚至 1 米的长叶曲尾藓垫状群丛等，夹杂着石蕊、冰岛衣等地衣，生长繁茂，常常覆盖大片山坡。而杜鹃、越

◎垫状苔藓

橘等矮小灌丛之间也生长着各种苔藓。已知的山地苔原带苔藓植物有近60种，代表种有岩生黑藓、拟发白藓、塔藓、长叶拟白藓、极地藓、长叶曲尾藓、黑色紫萼藓、厚边紫萼藓、垫丛紫萼藓、黄砂藓、阿拉斯加塔藓、高山砂藓、毛叶苔、兔耳苔等，北极区种有塔藓、阿拉斯加塔藓。

长白山苔藓植物中，泛北极区系成分占绝对优势，占苔藓植物总数的97.7%。许多苔藓与欧洲、北美洲苔藓组成成分有极大的相似性，同时具有浓厚的东亚色彩，与日本共同分布的特有种类达70余种。

苔原带最常见的地衣是紧密附生于高山岩石上的色彩多样的壳状地衣，它非常牢固，即使用刀也很难剥离。地衣特别耐寒、耐旱，遍布于高山上。只有水分充足、温度适宜的时候地衣才能生长，而当环境不利的时候它就休眠。所以，地衣生长得非常缓慢，寿命极长，可以生长上千年，有些种类可以活到4000多年。地衣依附在其他生物不易生长的岩石上、荒凉的土层上，它们能分泌地衣酸，对岩石的风化和土壤的形成有促进作用，因而被称为生物界的"拓荒者"。而且地衣对大气污染的反应非常敏感，可作为大气污染监测的指示物。

◎苔藓贴附在岩石上

◎地衣——鹿蕊

　　苔藓常呈大片垫状群落，枝叶交错形成大量毛细空隙，具有吸水快、蓄水量大的特点，在森林生态系统的水分平衡和循环中起着重要作用。苔原上吸水能力最强的苔藓为大皱蒴藓，其次为格陵兰曲尾藓和垂枝藓。降雨后这些苔藓植物可吸收 37% 左右的雨水，晴天时苔藓植物常接近于干燥状态，起到防止水土流失的作用。苔藓极强的适应水湿的特性，能够改变沼泽原来的面貌，使其趋于陆地化。

　　苔藓和地衣在贫瘠的火山碎屑和火山岩中，释放着超强的力量，依靠特殊的繁殖方式在恶劣的环境中点燃生命之火。它们仅靠一点点水分生长，在漫长的岁月中，不断地分泌酸性物质，溶解岩体，用自己的身躯覆盖地面裸露的沙土，用微薄的生命滋养着土壤，为其他植物的生长开创生存条件。它们是高山植被的先锋，是那些能够在苔原上生活的植物的"拓荒者"。

◎地衣

◎苔藓附着的地方萌生的圆叶柳

12. 东大坡寻鹿

◎岳桦和苔原交替

　　1988 年 7 月 27 日，天还没有亮，我和两位同事踏上了寻找马鹿的旅程。过了半个小时，东边渐渐出现了明亮的鱼肚白，太阳即将探出山的脊背。但是，突如其来的晨雾很快笼罩了大地，空气中弥漫着水汽。雾在低空中飘浮，带着一股凉气，湿润了我的脸。水汽在细小的草叶上形成了密密麻麻的水珠，地面草丛中的蜘蛛网上满是闪亮的小水珠。

我们走进了岳桦林中的山地苔原遗迹。这处遗迹是片草地，有在高山山地苔原生长的牛皮杜鹃、越橘、苔藓等。它的边缘生长着高大的岳桦，岳桦树包围了边界，形成了界限鲜明的斑块。在岳桦林与山地苔原交接的地带，可以见到斑块不大的空旷草地。

这里的草长得很高，草上附着的露水湿透了我的裤子和鞋。虽然是夏季，但是这里依然很凉爽，而水珠又带走了我身体的一些热量，让我感到非常冷。我们接近了东大坡的第一道深沟，沟底阴面照不到阳光的地方还残留着冰块。冰块还在缓慢地滴着水，雪水在沟底汇集成小小的水流。这里成为马鹿饮水的地方。斜坡上有一条小路，这是马鹿常年踩踏

◎一条冰雪带

◎落叶松

形成的。我们踏上了鹿道。这条路很好走。爬上坡顶，眼前是一片平坦的山地苔原坡地，越往上越开阔。

阳光和风使雾气散开，天空晴朗无云，放眼望去，可以看到数公里范围的各个角落。我们小心地移动步伐，寻找着马鹿，却始终没有见到马鹿的身影。但是不远处的两棵落叶松引起了我的兴趣，它们在岩石和草丛中顽强地生存着，所有侧枝都指向东北侧，就像一面旗帜展开着。它们长得不高，也就两米多，但根基部有碗口那么粗，整个形体体现了山地苔原的强风和常年主流的风向。

7 月是长白山山地苔原带最热的月份，但月平均温度也不超过

◎苔原生长的落叶松

10℃，背阴处常年冰冻，有大片积雪不化，一日之内不时有骤雨，空气湿度甚大，常有浓雾弥漫；年降水量在 1700 毫米左右，每年降雨日超过 100 天；七八月两月降雨量占全年降水量的 50%。风力往往在八九级以上，全年有六级以上大风天约 270 天，平均风速为 10~15 米 / 秒。

在这样特定的生境下，植物的营养期仅有 75 天左右（自 6 月中下旬至 8 月中下旬）。一年生植物在此很难完成生命历程，这里基本上为多年生植物，植株矮小，通常不超过 20 厘米，呈匍匐状、垫状或莲座状形态。由于低温、风大易使植物发生生理干旱，因此植物种类贫乏，且多具有一定的假旱生形态，以生活型地上芽及地面芽居多。由于生长季短，所有植物花期较短，而且花期比较一致，集中在 7 月中下旬开花，加上高山辐射光强、紫外线比例大，故花色鲜艳，五彩缤纷，有"云间花园"之称。

◎高山花园

　　一路上欣赏着"云间花园"的美景，多少分散了我们寻找马鹿的注意力，却看到了许多未曾见到的奇观。一只蝴蝶在花朵间飞来飞去，有风的时候，依附在花朵中；风静下来的时候，忙碌着飞翔。一阵大风后，再也看不到蝴蝶的踪影了。

　　我们沿着鹿道来到了一个小小的池塘。这个池塘面积约 300 平方米，由周边融化的雪水和降雨积水形成，因长期有融雪和积水，池底已经积了许多细沙和泥土。湿润的泥土上，清晰可见马鹿、狍、狐狸和鸟类的足迹，看来它们经常到这儿喝水解渴。有趣的是，西大坡也有一个这样的池塘，两者面积和形状一样，海拔高度也接近。如果从主峰向下看，好似两只对称的眼睛。

　　我们仔细分辨池塘边泥地上马鹿活动的足迹，发现是 2 头成体和 4 头两年生个体留下的，从时间上推测，是昨天留下的。我意识到这群马鹿可能在离这里不远的地方活动，在我们慢慢向第二道沟靠近时，发现一头大母鹿正在草地上卧着，只露出头颅，竖起两只长长的耳朵。我只看到它的耳朵在摆动，它却瞬间定向了我所在的位置，然后突然站起来，两眼看着我，并发出惊叫声。它的报警声惊动了在附近休息的马鹿，它们都在各自的位置站了起来，却没有马上跑动，而是在原地站着看我们。

一共有 5 头马鹿：2 头母鹿和 3 头幼鹿。我马上端起麻醉枪，瞄准离我最近的母鹿开了一枪，但是没有打中。我接着开了第二枪，这一枪打中了，飞出去的注射器扎到母鹿的臀部，它带着注射器跑出去四十多米后，站在了那里。我们并不急着靠近，就在原地等待麻醉药起效。不一会儿，母鹿移动了十多米后倒下了。

虽然被麻醉后倒下了，但是母鹿还是有应激反应，很难靠近。等了几分钟后，我们快速拔掉注射器，给它注射了同等剂量的解药，然后进行消毒处理，大体测量了它的体长、耳长、肩高、尾长、头长等基本量度。解药起了作用，它很快苏醒过来，摇摇晃晃地站起来，眼神迷离地看着我们。不一会儿，它不疾不缓地进入了岳桦林中。

不知不觉间，我们来到了三道白河源头，岳桦和山地苔原交界处的瀑布。瀑布下的潭水非常深，两边坡度也很大，如果下到沟底再返回来需要一个多小时。我们只好放弃下沟底的打算。今天的阳光很足，我们流了不少汗，而我们携带的水也不多了，看着潭水，我们渴得更难受了。

就地休息了片刻，吃了点食物后，我们派了一个体力较好的人，顺着鹿道下到水塘边，用我们带的水壶打满水，又爬上来。只有一个水壶，我们三个人每人喝点润润喉，留下半壶水备用。

返回的时候，我们选择了山地苔原中部平坦一些的路线，几乎是沿着等高线走。这条路线我们从来没有来过，不知道路途的地形变化，几乎是凭着感觉走。我们越走越觉得地形起伏变化复杂，看上去平缓的地方，经常出现陡峭的悬崖，悬崖虽然看着不高，但徒手攀爬下来是不可能的，只能绕道走。

　　虽然我们千方百计地想避开岩石，但还是走进了岩石堆积的地方。层叠的岩石堆积得很有层次感，有着独有的风貌。实际上，它与其他岩石堆积的形态完全不一样，是一种冰缘地貌的痕迹。长白山高山冻原带位于高寒高湿的冰缘环境中，在多种冰缘地貌营力的作用下，形成了多种冰缘地貌类型。例如，在寒冻风化和重力的作

◎石海

◎落叶松在贫瘠的岩石上顽强地生存

用下形成的冰缘地貌类型有石海、石流坡、倒石堆、岩屑锥等。

　　石海主要分布在比较平坦的山坡顶部和缓坡上。在高寒高温冰缘环境中，在风化和冻胀推挤的作用下，石块破碎后沿着缓坡移动，从而遍布山顶和坡地，远远看去犹如海洋一般，故名石海。构成石海的石块一般为30~80厘米，有的长达两三米。石海在北极冻原大面积连续分布着。在长白山高山冻原，每一片石海的面积都不大，一般不超过 1 公顷。在构成石海的岩块上，一般没有土壤且冷热变化无常，环境条件十分严酷，只适合少数地衣（一般为地图衣属的地衣）生长。长白山高山冻原组成石海冻原群落的只有黄绿地图衣，其盖度一般为 10%~20%。

属于长白山石海高山冻原这一植被型的植物群落主要见于海拔 2050~2400 米的岭脊和山坡，它的分布格局与石海这一冰缘地貌景观类型的分布有着直接联系。属于石海高山冻原植被型的植物群落也广泛出现在欧洲、亚洲、美洲的极地冻原和温带高山冻原。

我们在这几天的考察日记中详细记录了见到的动物种类：

1988 年 7 月 27 日，晴天，3 点半到下午 5 点。东大坡至三道白河源头。马鹿 7 只，打两枪麻醉枪，中一枪。都是母鹿，二三年生 4 头，卧迹都在半山腰。见到马鹿 3 头实体，黄腰柳莺、戴菊、短翅树莺、树鹨、鹪鹩、大杜鹃、褐头山雀。岳桦林中见到狐狸的粪便。高山鼠兔 5 只，零星分布于岩石堆中。花鼠 2 只。鹰一对，在空中飞翔并鸣叫。马鹿 2 头，在山地苔原带水泡附近，这里几天前有 1 幼 3 成体活动过。乌鸦成群活动在山地苔原带，好像在吃越橘，约 50 多只⋯⋯

1988 年 7 月 28 日，多云，阴，小雨。东大坡，马鹿卧迹 7 处，见到马鹿雄鹿 1 头、母狍子 1 头。马鹿惊叫数分钟。没有开枪麻醉。花尾榛鸡 4 只，一个家族群。一只一只飞起。

1988 年 7 月 29 日，昨晚到今天，下一整天雨。

13. 鹿鸣峰

20 世纪 70 年代后期，有关部门在拍摄长白山珍奇野生动植物纪录片的时候，人们在西大坡见到过成群的马鹿在山地苔原带平缓的坡地上吃草和奔跑的场景。富有想象力的人们，因此把西大坡山地苔原带中部凸起的山峰称为鹿鸣峰。由于这种原因，我一直向往着去那个叫鹿鸣峰的地方。正好我有幸参与了吉林省林业厅资助的活捕马鹿取茸试验项目，觉得那里是很好的试验场地。

1986 年 7 月 21 日，由东北林业大学、吉林省林科院、长白山自然保护区科研所等单位组成的项目组共 7 人（李振营、李彤、何敬杰、何锡武、原春堂、朴正吉，还有辉南猎枪厂的王厂长）来到温泉下的冰上训练基地，开始进行活捕马鹿取茸试验项目。

◎鹿鸣峰

　　第二天一早，我们就带着麻醉枪和锯茸工具、消毒用品等踏上了去往西大坡的小路。早晨的露水很大，近期的雨水使路面变得很湿滑，一不小心就会滑倒。我们走到二道白河边，在最狭窄的地方一步跨过了河流。河水长年在岩石缝隙中流淌，冲刷成河道，河道呈底部宽、上部窄的梯形结构，河底深约5米。走了不久又遇到一条由白云峰水形成的小河沟，这条小河沟的水很大，淹没了平时可以踩着过河的石头。我们只好蹚过冰凉的河水。过了河是连续不断的坡路，随着海拔不断升高，坡度渐渐增大，有的地方坡度达到了40度，每走一步都感觉气儿不够用，只好走走停停缓口气。歇了多次后，我们终于爬到了山坡上比较平缓的山地苔原带。

◎一步跨过二道白河

山坡上阳光充足的地方，东方草莓熟透了，鲜红的草莓果散发出美妙的香气，勾起我们尝鲜的欲望。草莓果酸酸甜甜，不像低海拔生长的草莓果那么大，但是糖分高一些。草莓果上有蚂蚁在啃食，也有甲虫、蜘蛛、野蜂、蜗牛和许多不知名的昆虫幼虫在享受草莓果。

风不大，蓝天上时而飘浮着大块白云，向东南方向缓慢地移动。大块云朵挡住了阳光，在山地苔原草地上形成了斑块状的阴影，草地也变换着颜色。随着云彩影子的移动，重见阳光的草地显得更加绿油油了。

我们一群人在寻找着马鹿，可是一只也没有见到。也许是我们人多，被它们发现了，都隐蔽起来了。李老师建议我们在既有岳桦又有草地的地方等待马鹿的出现。时间已经是中午了，我们在小溪边坐下，准备吃点东西。我们从背包里拿出食物，不知从哪里飞过来的绿豆蝇，瞬间围了上来，落在包装食物的报纸上。绿豆蝇越聚越多，数量有在上百只，我们一边驱赶一边快速吃东西。最后没有办法，我们只好点着纸张，用烟熏。绿豆蝇见到烟后很快消失了，但片刻后又重新扑向我们的食物。

我们急忙离开了吃饭的地方，那些绿豆蝇全落到地面上，寻找能够享用的食物残渣。我觉得这种昆虫的嗅觉特别灵敏，在这么辽阔的草地上，能够快速嗅到食物的气味。它们是这个系统中的分解者，能够分解动物的死体和粪便，是物质转换中的佼佼者。

我们以几棵大树为掩体，等候了很久，马鹿还是没有出现。太阳即将西落的时候，我们带着失望返回了。

第二天，天气还好，但比前一天多了一些云。我们还是重复着前一天的工作。刚爬上山坡，就在一片生长着蹄叶橐吾和蟹甲草的草地上见到两头雌马鹿，它们正在悠闲地吃草。当我们逐步靠近，进入麻醉枪有效射程的时候，它们察觉到了我们。等我们再靠近一些时，它们迈着矫健的步伐从容地离开了我们的视线。它们是不会轻易让人接近的，但是我小心翼翼地接近到 30 米左右的距离。

第三天、第四天我们也见到了马鹿，但是都距离遥远。在这么开阔的地方，在没有隐蔽物的情况下接近到麻醉枪有效射程是非常难的事情。就这样，我们的第一期试验结束了。

第二年，我和一个同事继续在西大坡开展麻醉活捕马鹿取茸工作。7 月份是马鹿茸角最好的时候。我们做了充分的准备，提前几天在十二道沟土壁上用大布块做射击靶，进行了不同距离的射击训练，初步掌握了不同枪口角度的感觉。

这天凌晨，我们两个人走出了招待所，从西侧入口进入针叶林，利用一棵大倒木过了二道白河，然后爬坡进入针叶林和岳桦混交的林地。这里的树木比较稀疏，草也茂盛，随处可见马鹿的粪便、卧迹和蹚出的兽道。

我们一直向西南方向走，到了一个不大的小山包，准备休息一下。地上长满了厚厚的苔藓和地衣，混生着越橘、石松、杜松和几棵毛赤杨。我刚刚坐下来，在触手可及的地方见到一棵草苁蓉，仔细察看后，发现它的附近都是草苁蓉。不大的地方有 70 多棵草苁蓉密生在苔藓之中，一棵棵粗大而挺直，就像刚冒出来的鹿茸角。这些草苁蓉有单棵的，也有四五棵一丛分支的。正在我们欣赏这种珍稀植物的时候，在小山包的另一侧，离我们约 30 米的坡地上传来了快速奔跑的鹿蹄声，接着是捕食者的追赶声。一瞬间就从我们身边掠过，很快消失在远处。我们很快地站了起来，本能地向声音传来的方向望去，但没有见到它们的身影。

它们是沿着坡地边的小道经过的，小道是人类和动物踩踏形成

◎草苁蓉

　　的，在一个下坡，由水土流失形成的沙地上，清晰可见马鹿的足印和捕食者的爪印。因为奔跑的速度很快，坡地上足印着地时的划痕很长，变了形。捕食者的足印较一般家狗大，步距接近2米，应该属于大型猫科动物，也许是东北虎或豹。

　　天空的西边开始笼罩黑云，我们继续寻找马鹿。到了山地苔原带鹿鸣峰的北侧，站在山脊的高处向四周搜寻，开阔的山地苔原上并没有见到马鹿的身影，却见到一片片碎石坡、石海、滚石坡及泥石流等冰缘地貌。

◎乌云

　　一阵风带来了倾盆大雨，数分钟后，雨势向东南方向移动。雨后，沟谷地带传来无斑雨蛙的叫声，它的鸣叫预示着可能还要下雨。我们改变了方向，朝着小天池的方向慢慢移动，在树林和草地之间寻找马鹿的踪影。雨后的草地湿透了我们的鞋和裤子，脚在湿透的鞋中打滑，天也暗了许多，我们开始往回赶路。

　　第二天，我们选择了一条坡度大、需要攀爬几道岩壁的近路，很快就来到岳桦和山地苔原交接带。早晨，整个山坡笼罩在雾气中，就像一幅充满水汽的水墨画。视野还好，可以望得很远。草地被雨水湿润，走起路来不会产生很大的声音，这为我们接近动物创造了很好的条件。雾气也给我们以很好的隐蔽效果。我们到了昨天"猎手"

追赶马鹿的地方，顺着它们奔跑的方向走了半个小时，停在一个小山包上，决定在这里守株待兔。

我们没有说话，静静地听早晨醒来的鸟儿发出的鸣叫声。附近的岳桦树上，几只黄腰柳莺叫个不停，地面上穿来穿去的鹟鹨发出一连串长长的歌声，远处还有大杜鹃在高歌。一对树鹨在草地和树冠中来回飞，可能正在喂雏。雾气逐渐淡薄了，天空没有云，鸟类也开始静下来，不再那么欢快歌唱了。

我们在寂静中等待马鹿的出现，时间过得很快，不知不觉中已经过了一个多钟头。突然，我听到一只鹟鹨的惊叫，意识到可能有其他动物在附近出现。我端起麻醉枪，做好了随时射击的准备。鹟鹨惊叫的方向正好是山坡低洼的地方，我们看不到低洼处的草地，动物也看不到我们。

我仿佛听到了动物的呼吸声，看到被啃食的青草在晃动。它们的确在向我们埋伏的坡地高处移动。不一会儿，不足30米远的坡顶上出现了马鹿的头，3头鹿的身躯缓慢出现在我们眼前。它们好像并没有发现我们，还在用心啃食着自己喜欢的食物。前面的两头母鹿离我们越来越近，一头小公鹿在后面专心觅食。我举起了麻醉枪，我这个动作惊动了前面的母鹿，后面较远的小公鹿则抬起头，看着我们。在它转身逃跑的一瞬间，我扣动了扳机，小公鹿臀部中弹。它跑出去30多米，站在那里不动了。我们耐心地等待，不到3分钟，它晃晃悠悠地倒下了。

看到小公鹿倒下了，我的心情非常激动，几年的辛苦总算没有白费。我们来到小公鹿的跟前，它睁着眼睛，舌头伸出一些，四条腿伸直，注射器在后腿与腹部之间靠上一点。虽然是麻醉状态，但它还是有反应的。当我们准备取注射器的时候，它四肢乱动起来，身体竟然半跪在地上。我们两个人都控制不住它乱动，只好用一根木棍压住它的身体，把注射器拔了出来。接着我们给它注射了 10 毫升解药，测量了体征指标。这头小公鹿的茸角还没有分叉，只有不到 6 厘米长，所以我们没有锯茸。在麻醉过程中我们发现，麻醉剂量的大小是很难掌握的，剂量过大可能直接导致动物死亡，剂量不足则很难进行切割鹿茸的操作。

当时长白山自然保护区内的马鹿有 3000 多头，如此大的资源是有开发利用潜力的。马鹿茸角是可再生资源，而且可以探讨在不伤害动物的前提下合理利用资源的途径。我们获得了一次宝贵的试验经历，也体会到野生动物的野性和试验取茸的不可行。

我们离开这里，向鹿鸣峰方向走去。沿着兽类践踏出来的小道，穿过两条大沟，我们来到了鹿鸣峰的西北侧。平坦而低洼的地方有一个面积不大的水塘，水很浅，水面上没有青草，池塘底部全部为泥沙，外围有许多用石头垒的岸坡。

据说，过去这里有人在池塘边守候马鹿来饮水，开枪射杀那些带茸角的马鹿，因此池塘边到处是死骨，是一个非常残酷的狩猎台。我很好奇，蹲在石头堆积的地方，体验偷猎者是如何利用石头墙隐蔽自己等待猎物到来的。我猜测猎杀动物的人是趴在地面上，通过一个小口，把枪管递出去瞄准开枪的。在这样的距离和开阔的条件下，是不需要什么狩猎技巧的。

这个池塘近期有许多马鹿、狍子光临过，留下了不同时间段的足迹。我们在离池塘 20 多米的草丛中见到一具很大的马鹿头骨，是雄性的，从眼眶骨上被砍掉了鹿角，从痕迹看，是人类用金属刀具砍下来的。附近还有遗留下来的胫骨、肩胛骨、盆骨等，散落在四处。这些骨头可能是其他动物搬运来的，因为骨头上有啮齿类、较大动物等啃食的齿痕。

　　我把马鹿头骨的牙齿拔出来，记录了头骨残骸的一些数据。我们在这一带陆续采集了 30 多号马鹿的牙齿样本，和其他地方的样本累计达 70 多件。后来我们在吉林大学基础医学院对牙齿标本做切片，鉴定了死亡个体的年龄。我们用这些宝贵的数据编制了第一份长白山马鹿的生命表，通过死亡年龄曲线分析，我们得知长白山马鹿的平均寿命为 6.9 岁，死亡高峰出现在 4~6 龄，与自然死亡年龄比较，属于不正常死亡。

　　这个马鹿经常来喝水的地方，成了它们的丧命之地。我仿佛目睹了在这里发生的残酷事件，带着沉重的心情离开了这里，冒着绵绵细雨返回我们启程的地方。

14. 啼兔

◎高山鼠兔

　　清晨，瀑布和温泉区域都笼罩在雾气中，看不到周围的山岭峭壁。雾气弥漫的空间显得如此简洁，只有瀑布的声音回荡在两侧的崖壁上。偶尔听到崖壁上滚落的石头一连串地撞击着岩石，响声慢慢消失在谷底。活跃在岩石堆积的坡地上的高山鼠兔发出单调而响亮的啼叫声。它是善于鸣叫的啼兔，一个个体的啼叫，带动了周边的伙伴在不同的地方呼应。

自从我接触高山鼠兔，最近距离它到 1 米左右，但通常只是在三四米的范围。察觉到人接近时，它先是一动不动，等人再近一些，它就迅速逃离。有时我坚持着一动不动，高山鼠兔就在我脚下的一个石洞中探出头或整个身体，静静地看着我。觉得没有危险的时候，它便很自然地或觅食或鸣叫或休息。高山鼠兔非常容易观察，且它是长白山山地苔原和岳桦林系统中绿色植物的主要消费者，所以我选择了这个物种，研究它的生活习性。

◎高山鼠兔

1987—1990 年，每年的 8~9 月份我都在山地苔原带和岳桦林带做高山鼠兔的食性、领域大小及种内关系方面的观察，这非常有趣。

我在温泉和瀑布之间的坡地上，通过高山鼠兔的鸣叫声寻找到 30 多个它们的食物存储区，并给每个点位编了号。我每次来这里，都设法慢慢融入它们的生活之中。我在坡地上变换着位置，静静地观察着高山鼠兔的一举一动，也观察着周边岭脊上或天空中的雨燕、猛禽及在我身边经过的各种小鸟。我顺带观察了来往的游客，他们的步履、说话的声音以及他们的兴趣，时常抽样记录旅客的性别、长幼的比例以及服装颜色等。

有一年的 8 月中旬，我在从温泉通往瀑布的路边发现一只高山鼠兔的活动非常活跃，就在附近蹲守观察。在高山鼠兔食物储存区石堆靠河流的地段，草和灌木比较茂盛。一只高山鼠兔嘴里叼着一株长长的大白花地榆草，从茂密的草地上迅速跑回它的地盘。它把新鲜的绿草放在岩石上，然后顺着那条路线，又进入了茂密的草丛间，很快就叼着草返回。反复几次搬运后，它在储存草的地方隐蔽起来，一动不动。我顺着鼠兔的路线查看，结果在茂密的草丛里发现了一条明显的通道。通道的形成是从起点一点点把草啃断，非常整齐地从根部切断。通道的宽度在 10 厘米左右，总长在十多米。它们几乎一边采食一边开通道路。

高山鼠兔储存食物的方式不是短时间内存够一个冬季的量，而是每天储存一点，这是它们考虑了食物的保存质量而做出的选择。如果几天内完成大量的食物储存，食物就会因草的湿度而发生霉变。所以，它们要慢慢完成，把水分大的植物放在石头上晾晒，等到水分合适的时候，再把草叼入石头缝隙中。

◎高山鼠兔在石头缝隙中储存青草

　　高山鼠兔以裸露岩石堆积的生境为活动区域，全年以植物茎、叶为食，多成片取食，从而形成鼠道。高山鼠兔取食草本植物时在其茎基部咬断；木本植物径粗为 1 厘米左右，在离地表 4~5 厘米处啃断；较高树木则主要啃断侧枝。高山鼠兔取食比较固定，进入秋季常单独活动在石缝或石洞内，占据领域开始贮存食草。高山鼠兔贮存食物的本能较强，在取食条件不良的季节来临前就已进行。在长白山高海拔地段，一般在 8 月初就可以见到乱石缝附近堆垛的牧草，一直持续到降雪。

　　考察日记——

1989 年 9 月 23 日　晴天

高山鼠兔，储存食物堆 17 处，每堆大小不等。高山鼠兔都有集

◎高山鼠兔的栖息环境

◎高山鼠兔在岩石缝隙中储存食物

中的食物区，也就是主要储存点，一般主要储存点的储存条件较好，不漏水、通风好。巢区近处为毛赤杨的小片树林，因此储存的生物饲料大部分为毛赤杨，占三成，其他的有柳树、禾本科等。最大堆草的重量为450克，最小为25克，平均232克。粪便排泄在草堆上或草堆边，占区个体活动范围不大，都集中在主要储存点。高山鼠兔正处于换毛阶段。

在储存区周边的草地上，可见高山鼠兔活动的通道。它们有一定的活动路线，取食时，成片取食，取食木本植物最粗径级为1厘米左右，在离地面4—5厘米高处啃断，对于较高树木则以它站立高度为啃断线。这一带晚上可听见马鹿的鸣叫声。

高山鼠兔多独居在一定区域，主要以食物的贮存形式确定自己的领域。对31个巢区的观察发现，高山鼠兔具有中心贮存食物区，中心区存草量大，通风防雨条件好，中心区周围存草堆依存草环境而分布。

高山鼠兔具有晾晒食草的习性，它把水分较大的青草堆放在石头上面充分晾晒，半干后堆积在石缝或石洞口。秋季的草含水量比较小，这个时候高山鼠兔基本上把叼来的草直接衔入洞口。

高山鼠兔以洞穴为冬季活动的场所，但储存食物还是选择在大石头下面，这是因为洞穴潮湿不易保存食草。高山鼠兔在草地的活动区域较大，山地苔原带矮草地上缺少石块堆积，但也有可储存草的环境，也就是有零星的石块，高山鼠兔就将它作为储存区。活动石块沟坡区无储存草穴，这是动物选择最佳生境的本能。

这一天，长白山温泉和瀑布一带观光旅游的人特别少，登天池的人几乎没有。到长白山旅游的人一般都选择在7月份上山，那个时候山地苔原上的花儿盛开了，而深秋时整个山上的树叶凋落、绿草枯萎。我独自在如此凄凉的情境下欣赏高山鼠兔，在它们的粮仓中测量它们储存的食物种类和数量。

我用柯尼卡小相机拍摄需要的影像资料，不时变换着角度，有时蹲在那里等待光源。在我一心工作的时候，突然听到有人在说话，抬头看到四个人走过来。他们走到我跟前，问我在做什么，我说在研究高山鼠兔，他们也很感兴趣。

他们是来求我帮忙的，因为没有带相机，想请我给他们照个相。来一次不容易，怎么也得留个影。我答应了他们的请求，走到离瀑布不远的地方，以瀑布为背景，给每个人拍了照片。拍照后，他们给我留了地址。后来我洗印了照片，分别给他们寄去。

接近中午的时候，瀑布景点没有游客了，好像就剩我一个人了，还有那些高山鼠兔在忙着搬运食物，时时地啼叫。高山鼠兔在岩石上，头朝向天空瞭望。它看到一只普通鵟在高空盘旋，顿时一声鸣叫，钻进洞穴。我的目光却锁定了那只鵟，眼睛跟着它转动，最后目送它消失在那边的山崖。

崖壁上滴着水，长年的雨水流淌和岩石风化，使悬崖壁上便形成了凹进去的流石沟。我看到从崖壁的上面滚下一块不大的石块，砸到崖壁的一个台阶上，那里长年有石块落下，所以砸出洼兜状的大坑。从高处跌落下来的石头，带动了其他石块，顿时引起了大量石块的滚动。从上百米高的地方滚落的石头砸向滑石坡上的岩石，岩石碰到石块后弹起来，腾空飞得很远，接着落下来，又弹起来。速度飞快的石头、泥石流流动的时候腾起的烟尘，以及岩石塌方的力量让人感到非常恐怖。这是我见过的最壮观而恐怖的泥石流，整个过程仅短短 1 分钟。

　　我把 3 年来的观测数据进行了整理。根据直接观察和对 9 个个体领域 80 个贮草堆的定量分析，将高山鼠兔的食物组成分为 44 种，分属于地衣 1 科 2 种、苔藓 1 科 1 种、蕨类 2 科 3 种、被子植物 18 科 39 种。岳桦林带高山鼠兔的食物主要为大白花地榆、大叶章、广羽金星蕨、白山乌头、耳叶兔儿伞、毛蕊老鹳草等 21 种植物，占取食地植被种类的 84.0%。其中，大白花地榆占首位，其次为广羽金星蕨、耳叶兔儿伞和禾本科植物。

　　山地苔原带的生境中，高山鼠兔取食种类为 25 种，主要以岩黄耆、光萼女娄菜、长圆叶柳、宽叶仙女木以及禾本科植物为食，食物种类占取食地植物种类的 96.1%。高山鼠兔的食物成分直接与活动区域植物的组成有关。从两个不同生境食物组成比较可见，不同生境中食物重叠系数为 0.136，与不同生境植物样方出现植物种类的重叠系数 0.255 基本一致，重叠系数均较小。这表明，高山鼠兔的食物选择受植被的影响。

　　根据高山鼠兔的占区特点，我对 12 个领域进行了巢区大小、存草量及草堆数的统计分析，结果表明，不同生境中高山鼠兔的存草量及存草堆数差异较大。巢区平均堆草数以山地苔原带较高，为 15 堆；岳桦林仅为 6 堆。山地苔原带每巢区平均存草量为 786.45 克，岳桦林每巢区平均存草量为 1151.60 克。这种差异可能与牧草质量和存草场环境以及个体年龄差异有关。

　　某些植物群系的形成历史和状况与动物的活动有着密切关系。山地苔原上高山鼠兔大量啃食的过程对草地造成的干扰，会使繁多的植被稀疏，消耗绿色植物，但其排泄的粪便可以丰富土壤有机质，对草地的健康是有利的，而且加速了物质循环过程。

15. 问道——苔原自然趣事

熊为什么经常光顾山地苔原带？

现在，我们在山地苔原带看到熊的可能性比在森林里大得多，因为山地苔原非常开阔，人们可以从远距离看到它们。熊知道秋季的山地苔原带满地都是它们喜食的越橘，它们也知道人是一种随身携带食物的怪物，在人活动过的地方，垃圾箱里常有一顿可以轻松获取的美餐。

在这里，汽车司机、旅客、摄影者经常见到黑熊大摇大摆地出现在视线里。它们经常出现在长白山主峰的另一个重要原因，可能是要去天池湖边，那里有死去的虹鳟鱼。鱼是熊类非常喜欢的食物，它们在天池湖边能轻易觅食那些临近死亡年龄的大鱼。

在山地苔原带，熊类的觅食活动会成为一种危害。熊喜欢吃越橘，它们通常用有力的前掌抓起越橘树，连根拔起，再拿到掌上挑选浆果吃。这种行为破坏了小灌木植被。细心观察的话，山地苔原上经常可以看到一些不大的坑，这些坑多是熊拔出植物后形成的，这些坑在风吹或冷冻膨胀作用下会越来越大，形成沙土裸地。如果遇到强降雨或大风暴，很容易引起水土流失。

有一天清晨，一位摄影者近距离看到一头熊从长白山气象站前面跑向主峰，跨过栈道并拍打着提示牌，左右张望。现在，越来越

◎ 熊取食的痕迹

多的迹象表明，在景区里游荡的熊胆子越来越大，不仅晚上出没，有时甚至在光天化日之下穿梭于山地苔原。它们已经习惯了汽车，习惯了人类，习惯了开阔的苔原。

为什么要当心野猪的入侵？

从20世纪70年代开始，我经常在长白山山地苔原带进行野生动物调查。山地苔原带东大坡和西大坡是我重点关注的地方，过去几十年来没有见到野猪活动的痕迹。但是在2006年的一次调查中，我发现西大坡海拔2300米左右的山地苔原上，有一大片野猪拱翻地表的痕迹，还见到了野猪的粪便。

野猪吃山地苔原带生长的植物根茎，有红景天、手掌参、倒根蓼等植物根茎。它们拱地的地方基本为低洼的植物茂盛的沟部坡地，它们翻掘的地方裸露出地表下的火山灰、浮岩颗粒和火山碎屑。这些地表土非常松散，经不起暴雨冲刷，很容易引起水土流失。我们知道，山地苔原植被的形成是漫长的过程，首先是火山喷发覆盖到地表上，然后由苔藓和地衣经过漫长的岁月经营，为其他植物提供生存的环境，才有植物种子发芽生长。

野猪为什么入侵到这么高的海拔地带活动，是一个难以解释的现象，也许是因为森林地带食物不足或活动空间不足。但这理由并不充分。实际上，森林地带有足够的食物和活动空间。或许是人类在登山活动中，把大量食物垃圾填埋到地下而诱导了野猪迁来苔原寻找食物。究竟是什么原因引起野猪向山地苔原带移动是值得探讨的问题，因为这关系到山地苔原带植被和地表完整性的稳定。

◎野猪拱过的地

◎野猪拱地的痕迹

大嘴乌鸦为什么来到山地苔原带？

大嘴乌鸦是非常聪明的鸟，那一身漆黑的羽毛在阳光的照射下能发出紫色光泽。它的叫声不好听，不受人类的喜欢。但是，它是出色的鸟，有着惊人的推理和判断能力，能够理解人类的一举一动。留意观察它们的活动，可以发现很多有趣的现象。

在高山上，大嘴乌鸦能够清理人们丢弃的食物垃圾。在长白山开放旅游初期，人们一般自带食物，然后在地面铺上塑料布或报纸，围成一圈，盘腿坐下，吃各种食物，如大葱蘸大酱、烤鸡烤鸭、火腿肠、鱼干等，吃过食物后一摊垃圾丢弃在原野。人离开后，乌鸦们打先锋，大快朵颐，很快扫清可以吃的东西，地面只剩纸张、塑料袋等垃圾。

每当山地苔原带越橘成熟的时候，也就是越橘的果实从绿色变成鲜红浆果的时候，乌鸦们便悄无声息地离开人们的视线，成群结队地到山坡上觅食这些果子。它们享受着天然的食物，直到大雪覆盖了大地，才停止在山地苔原带觅食。

乌鸦与人类接触的机会最多，就食物而言，人能接受的食物，乌鸦也能适应。乌鸦能吃粮食、肉类、鱼类，咸的、辣的、甜的等各种食品。乌鸦很会与人类打交道，例如，旅游季节它们便迁移到游人活动多的地方寻找食物；到了旅游淡季，它们就迁到人类居住区，到垃圾堆里寻找食物。乌鸦的确具有高超的学习、模仿和判断能力，可以说是充满灵气和智慧的鸟，它属于典型的伴随人类历史而进化的鸟类。

◎大嘴乌鸦喜欢吃的笃斯越橘

狐狸为什么喜欢在高山环境中生活?

在山地苔原带和景区看到狐狸的机会越来越多了。我在日出之前就拿着相机在附近山坡上等待太阳从山岭后现身。当我沿着路转悠的时候，在垃圾箱附近发现一只老鼠。它转了一圈儿，寻找合适的地方，小心翼翼地查看了一下便敏捷地跳入垃圾箱中。我没有注意到附近还有一只狡猾的小狐狸，它是跟踪老鼠而来，还是在垃圾箱附近等待猎物？聪明的狐狸发现了我，一眨眼就跳过了石墙，在乱石堆中躲藏起来。

　　狐狸知道人是一种喜欢浪费的动物，在人们集中活动的景区餐馆、商店外的垃圾箱里，或者在人行栈道旁，总有一顿轻松可得的食物。许多景区都把餐桌上的残羹留下，供夜间在附近徘徊的狐狸享用。这种做法不仅为狐狸提供了食物，更吸引了饥饿的老鼠，而这些老鼠又为狐狸提供了更多食物种类。在长白山山地苔原一带活动的狐狸是身被赤色毛的赤狐。荒地的角落、城市公园和杂草丛生的花园都可能见到狐狸的身影。赤狐喜欢出没在人类居住和活动的地方。狐狸有很好的听觉、视觉和嗅觉。

　　景区里的狐狸越来越不怕人，用食物就可以换取它们对人类的信任。它们已经习惯了来来往往的人群和疾驰的车辆。

◎赤狐

山地苔原带的绿豆蝇为什么急剧减少？

在 1980 年前后来到长白山脚下，在任何房屋里都可以见到家蝇和绿豆蝇。它们的寿命不长，大量个体死在了房屋双层窗户之间的空隙中，也有的死在地面的角落里。它们对室内的气味特别感兴趣，尤其是鱼腥味和肉类的味道，因此经常活跃在饭桌周围。那个时候，房屋的门窗不能随便敞开，而且门窗都要用纱网封住，阻止苍蝇进入。通常室内要喷洒灭虫剂来消灭绿豆蝇等各种苍蝇。

在野外的草地上，通常看不到绿豆蝇等苍蝇的活动，但是一旦坐下来休息或打开食物，一群绿豆蝇便不知从何处飞过来。它们的种群很大，生活习性是喜欢带有气味的东西，能很快地分解食物。

绿豆蝇的身体主要呈绿色，大小和颜色会随着时间的推移而变化。实际上，除了吸引它们的鱼腥味和腐烂的肉味，它们很少进入房屋内。绿豆蝇可以在粪便中产卵，但更喜欢在死去的动物的腐肉上产卵，幼虫能分泌一种液体，帮助它们充分吸收消化食物。幼虫长大后在土壤中化蛹。绿豆蝇像家蝇一样，跟随人类遍布世界各地，尤其是在动物丰富的地方，它们的数量最多，而且它们会对动物的伤口造成感染等危害。

奇怪的是，1990 年以后，绿豆蝇的数量急剧减少，在房屋或垃圾堆积的地方都不见往日那种大群活动的景象，在厨房等地方也看不到它们的身影，它们在我们的视线中消失了。经过 30 年的历程，这种过去非常常见的物种戏剧性地变成了难以遇见的动物。

它们为什么在这里逐渐变得稀少了呢？回想起它们栖息环境的变化，我们发现，近年来，旅游景区实施了清洁环境的措施，不乱扔垃圾了，而且及时处理固定地点的垃圾，废除了室外简易木板建造的公共厕所等。室外的简易厕所是绿豆蝇的主要繁殖地，粪便裸露在外，绿豆蝇在粪便里产下上万颗卵，孵化出大量的蛆，而这些蛆很快把粪便分解消化，完成从蛆到蛹到成虫的生活史过程。

除了清洁环境外，大型动物死亡数量的减少也导致绿豆蝇产卵繁殖的条件缺乏。大量的汽车尾气排放也是引起绿豆蝇种群数量减少的因素之一。还有一个重要的可能因素是这里的温度和湿度变化较大，温度的提高和湿度的降低是引起一些昆虫减少的原因。正如科学家在研究高山带生物多样性与温度变化的关系中证实的那样，温度的提高导致生物多样性减少。由此可见，长白山高山带的动物变化是客观存在的，也许我们还没来得及关注的许多动物也像绿豆蝇一样，正在悄无声息地消失。

高山上的雨燕为什么变得那么稀少？

在长白山高山上生活的雨燕有两种，一种是白腰雨燕，另一种是针尾雨燕。白腰雨燕喜欢在高海拔、开阔的、具有悬崖峭壁的环境中生活，而针尾雨燕喜欢在森林河流地域生活。

白腰雨燕栖息在高山、山地苔原、草原、荒漠等环境，尤以海拔 2000 米以上的高山带岩壁环境中最多见。在长白山，白腰雨燕多栖息在天池周边的悬崖上，它们喜欢结群飞行，边飞边叫，一片喧声。白腰雨燕繁殖于西伯利亚及东亚，在我国繁殖于东北、华北、华东、西藏东部及青海等地，到新几内亚及澳大利亚越冬。繁殖期在5~8月，在岩石缝隙中筑巢，取各种植物体，用唾液粘在一起。每窝产2~3枚白色卵，雌鸟孵卵时，雄鸟衔食物喂雌鸟，孵化期22天左右。

针尾雨燕繁殖于亚洲北部、中国、喜马拉雅山脉，冬季南迁至澳大利亚及新西兰。在我国东北地区繁殖的雨燕栖息于阔叶林及针阔叶混交林带，常在河谷、水面、山地草原等开阔区域捕食空中飞行的昆虫。飞行时看上去是黑色，一般结群飞行，白天不知疲倦地飞，时速可达250~300公里，是鸟类中飞行最快的种类。针尾雨燕营巢于悬崖上或树洞中，距地面10米左右。在长白山高山带它们6月份产卵，每窝产2枚白色的卵。

在长白山高山带研究期间，我目睹了雨燕种群消长的过程。最早观察的时候，在长白瀑布区域，成群的雨燕在高空中飞翔，速度非常快，从头顶飞过的时候，可以听到尖长的翅膀与空气的摩擦声，而且它们清脆的叫声几乎掩盖了瀑布跌落的水声。每当隼或乌鸦侵入它们家域的时候，成群的雨燕齐心协力，一拥而上，集体发出特别的尖叫，追逐、驱赶入侵者。天敌离开后，天空中的雨燕平静下来，继续捕食飞行的昆虫。

然而，现今它们每年来这里繁殖的种群变得越来越少了，尤其是最近几年，人们都感觉不到它们的存在了，几乎看不到成群的雨燕在高空中飞翔，看不到它们那矫健而有力量的空中精彩表演，也听不到它们的叫声。

这是为什么呢？雨燕的数量下降得如此之快是客观事实，而导致其减少的因素也是多方面的。从生态学角度分析，可能有三个方面的因素。第一是生物因素，如大嘴乌鸦的大量入侵。大嘴乌鸦是环境中的清道夫，它们喜欢吃人类丢弃的各种垃圾。随着旅游人数的增加，产生食物垃圾的机会也大大增加，由此许多乌鸦从远方迁来，在这里定居、繁殖后代。后来清洁了环境，一时间大量乌鸦找不到足够的食物填饱肚子。因此，饥饿的乌鸦开始对雨燕下手，它们飞到雨燕集中产卵孵化的巢区，在悬崖的石缝中偷食雨燕的卵或刚刚孵化出来的雏鸟。在乌鸦多年的干扰下，雨燕形成了"这里已成为一个危险地带"的意识，一代一代的基因传递，使得有些个体不再来这里繁殖了。久而久之，数量就变得很少了。

第二是高山上的空气湿度发生了变化，导致喜欢潮湿环境的昆虫数量变少了。另外，地面上的湿气也不足，虫子的繁殖受到影响。这些使得雨燕的食物资源匮乏，雨燕只好选择其他地方安居。

第三是在昆虫活跃的季节，道路上行驶的汽车排放着大量尾气，这些气体笼罩在空气中，影响着许多在空中飞行的昆虫，也导致雨燕因缺少食物而不再来这里。

虽然没有相应的监测数据，但从山地苔原带的一些变化来看，气候变化导致的冰斑消失、局部干旱、沙化等迹象，正在影响着高山带一些动物的生存，如我们经常遇见的在山地苔原上空翱翔的燕隼，它们在这里主要以捕食雨燕为生。

燕隼是全球分布最广泛和最常见的食肉鸟类，它几乎生活在任何开阔的地区。因为它的形象和飞行姿势酷似燕子，所以人们形象地叫它燕隼。它可以在城镇高楼上、高山悬崖上筑巢。它的食物包括任何能在空中飞行的小鸟或大型昆虫。它可以在离地面很高的空中盘旋，尾巴呈扇形向外摆动，在搜寻食物的时候保持平衡，使它像定格在空中一样。燕隼通常将食物整个儿吞下，不能消化的物质则以小丸状从口中吐出来。

雨燕的减少对燕隼、红隼、游隼等在山地苔原带生活的猛禽都产生了影响，使整个山地苔原生态系统的食物链发生了变化。例如，雨燕数量的减少，导致适应这种环境的高山鼠兔和在地下活动的食虫类动物成为猛禽猎杀的对象，从而影响了在这里居住的调节植被、控制虫子等物质循环过程中的每个成员。

山地苔原带的强风对动物的生活有哪些影响？

对飞行的动物而言，风是其飞行时的障碍或助力。经常猛烈刮风的地区，飞行动物种类是贫乏的，通常只有善于飞行的鸟类才能在那里留存下来。在海洋、草原和苔原，强风频繁，因此有翅的昆虫很少。在苔原很少见到蝴蝶，而鞘翅目、直翅目以及某些膜翅目昆虫的善飞者则比较常见。就算是那些吃虫子的蝙蝠，也回避强风，寻找避风的地方。

在苔原也有一些种类在行动的时候利用风力，如活动在空中的鹰，利用上升气流，可以长时间在高空飞翔。在平静的天气，鹰很少飞翔。风是重要的传播工具，沉积物、无脊椎动物等随风扩散，主动飞行的昆虫也常常被风带走，带到很高的天空。

有些鸟的迷飞，通常在暴风雨之后。风携带鸟飞离故乡，而偏离了迁徙路线的则成为迷鸟。在温暖的季节，虻、蚊子和蝇出现时，有蹄类动物喜欢选择有风和气温较低的开阔地游食，因为讨厌的虫子会被风驱除。

雪的覆盖对动物的生活和进化有哪些影响？

雪是非常重要的生态因素，积雪也是一些动物生活和行动的环境。对生活在土壤中或地表的物种来说，雪的覆盖担负着热的隔离者的任务，使许多在土壤中生活的无脊椎动物、食虫类动物和一些啮齿类动物在严寒的季节可以安全地存活下来。

有些动物表现为嫌雪或厌雪，有些动物则为喜雪动物。嫌雪或厌雪的动物多过着雪上的生活，喜雪动物则过着雪下生活。少雪的冬天，对在雪下或地下活动的动物生存造成极为严重的影响，引起它们大量死亡，但对有蹄类动物则特别有利；相反，多雪的冬天，给鹿群采食带来困难，而对小型啮齿类是有利的。

在雪的背景下，很多动物的颜色都发生了变化，大多穿上白色或变浅的装束。如伶鼬在冬天变成白色体毛，鹿等毛色也变浅。

积雪覆盖对在雪被上移动和觅食的动物产生阻碍，积雪太深，对那些个体不大的鹿科动物影响较大。所以小型哺乳

◎ 树木线

　　动物或鸟类会增大脚的支撑面，由粗毛、刚毛、羽毛或角质盾片的密生而形成"雪地鞋"，在多雪时节穿上，有利于行走。

　　雪被也是限制动物分布的因素，猞猁、狐狸适应深雪环境，伶鼬、紫貂、黄鼬等能够在雪中钻出通道前行，野猪能够掘开雪堆获取食物。这样的结果也为其他动物觅食创造了条件。雪促使动物间产生了共生或共栖的关系，如松鸦、山雀在野猪群间，跟随野猪在拱翻过的地面上寻找食物。积雪覆盖也改变了一些动物的季节性食谱。如花尾榛鸡夏季吃昆虫或浆果，冬季吃阔叶树的树芽。

长白山山地苔原带的树木线为什么逐渐上移？

长白山岳桦树木线的高度达到海拔 2100 米。目前，人们对未来全球变暖及其生态学后果给予了高度关注，寻找对气候敏感的生物监测系统，往往将自然升高的树木线视为理想的预警线。树木线在某种意义上反映了饥饿主题，即树木长期处于恶劣的条件下难以获得足够物质资源而停滞不前。树木线的外貌在空间上由它们支配的边界两边的生态系统决定，人们感兴趣的是对树木线向上移动最终越过其生存空间的关注。

树木线并不是一个静态的边界，而是随环境发生变化的，可能与气候变化直接相关。长白山的树木线总体呈指状，沿山脊延伸到山地苔原，但我们也看到比较普遍的齿状边界，这种格局在积雪少的地段比较明显，也就是雪少的山脊引起树木的冰冻伤害，随着海拔上升，冰冻伤害加剧，特别是幼树容易受到冻害而死亡。

现今，科学家普遍认为长白山树木线具有上升的趋势，虽然还不清楚有关树木线变化的确切原因，但可以肯定的是饥饿主题发生了改变，也就是树木生长的边界环境条件向有利于树木获得足够物质资源的方向变化，这也许与气候变暖有关。

长白山为什么长年是白色的？

为什么长白山长年是白色的呢？我们从季节来看，冬天有白雪覆盖山体，因而是白色的，但是春夏季时雪被全部融化消失了，它

◎山峰浮岩

依旧是白的。

之所以一年四季都呈现白色，是因为东坡、西坡和南坡覆盖着厚厚的白色浮岩，白天，阳光下的浮石是白色的；北侧也有一些白色岩石覆盖，但不全是白色，还有褐黄色的火山岩。这是 5000 年前一次大喷发和 1000 年前喷发的集合，一个部分是白色的，一个部分是褐黄色的火山灰和火山碎屑。当时的喷发主要集中在火山口附近，火山口附近的碎屑因喷发温度比较高，溶解得比较强一些，所以它不容易分化，一直留存到现在。更久远的年代喷发的火山岩，经过几千年的风雨侵蚀已经基本上找不到了。

火山锥周边现存的大多数火山碎屑为酸性岩浆，所以这些火山岩是白色的。

为什么石头能够漂浮在水里？

长白山火山喷发形成了一种可以在水上漂浮的有趣的石头，那是一种每平方厘米约 0.7 克比重的多空洞松散纹理的轻浮岩。据地质考察研究，距今约 1 万年前，长白山主峰火山爆发，将地幔大量高温、高压的岩浆喷向高空。喷出的岩浆和空气接触后迅速释放挥发性物质，岩浆体积急

◎浮岩堆积的山

◎西侧的火山岩

剧膨胀，内部充满了气孔，变得像泡沫一样，冷却凝结后降落在火山口的周围形成浮岩。我们从天文峰的土壁上可以清晰地看到堆积的浮岩，其堆积厚度达 30 余米。由于火山喷发的时候火山口倾向东北，再加上西南风的吹扬，大量浮岩便降落在长白山的东北侧。

每当雨季洪水上涨的时候，长白山北侧的浮岩便顺着洪水奔涌而下，汇集在各条河流的下游。过去最壮观的是图们江流域，每当洪水来袭，经过河水冲刷的大小不一的浮岩布满江面，一眼望去，就像满江漂浮着豆子。

在我国哪里才能见到山地苔原景观？

山地苔原景观是非常珍贵的景观，在我国辽阔的土地上，似乎都有着寒冷潮湿、适合山地苔原发育的自然环境，如横断山区的四姑娘山、贡嘎山，西藏东南的高海拔山地以及新疆阿勒泰极北地区等。中国科学院东北地理与农业生态研究所孙广友研究员在《冰川冻土》学术期刊上发表的《论青藏高原山地苔原——成因、分布与分类的研究》一文中，论证了青藏高原边缘的高山和高原本体都分布着广袤的山地苔原。

长白山山地苔原和青藏高原、横断山及新疆等地的疑似山地苔原植物区系差别很大，主要从物种成分来说，长白山山地苔原的许多物种与北极地区的植物关系密切。据文献记载，长白山山地苔原带分布的 135 种植物中有 103 种为环北极地区分布的种类，占比为 76.3%。

长白山山地苔原原本是第四纪冰期南迁的北极山地苔原。在第四纪末的间冰期，随着气候变暖，山地苔原逐渐向北退回，在此过程中，在长白山高山带留下了北极山地苔原的残留片段。在漫长的岁月中，长白山的山地苔原植物发生了不同程度的独立演化，但它们仍保持着与北极地区亲缘物种极大的相似性，这也是长白山山地苔原区别于其他地区山地苔原的特征。可以说，要论山地苔原分布之广，要看极地繁花、矮灌类型的苔原景观，非长白山山地苔原莫属。

天池的水来自哪里？

许多人都有这样的疑问：天池没有明显的入水口，但是水却能常年不停地从通天河流出。那么，为什么天池水总是维持在一定的水位呢？对这个问题有许多种解释。根据天池水文地质调查资料，天池水的补给来源于大气降水、坡面潜流和温泉水、裂隙水及地下水，而湖水的排泄方式主要是闸门流泻和裂隙渗出。天池大约有 70.44% 的水由地下水补给，天池水面以上地下水最大可能集水面积为 50.6 平方千米。

长白山天池平均年降水量为 1376.4 毫米，而多年平均水面蒸发量为 450 毫米。研究人员认为，蒸发量与气温、气压和风有关，海拔高、植物稀少的山地苔原区年蒸发量最低。

天池的总蓄水量为 19.88×108 立方米左右，地面集水面积为 21.4 平方千米，最大年径流量为 0.654×108 立方米，最小年径流量为 0.419×108 立方米，流量差不大，说明河流属于稳定型动态。在一定的降水量和蒸发量以及天池蓄水量稳定的条件下，天池渗漏速度与流出天池的地表径流是竞争关系，天池周围岩体渗透率越低，天池周围渗流越低，流出天池的径流越大。

天池水呈深蓝色，五级大风时水浪高达 1 米，在一年中水位变幅为 1 米左右。天池瀑布的流量为每秒 0.5 立方米左右。水为弱碱性。天池水属于低矿化度的钠型，湖水中 Na^+、SiO_2 和 HCO_3^- 含量特别高。湖水中稀土元素 La、Ce 等含量很高，属于稀土元素地球化学异常区。湖水化学成分的形成作用主要是溶滤作用。

天池是多次火山活动形成的典型火山口湖，周围有 16 座海拔超过 2500 米的山峰。湖面海拔 2155 米，南北长 4850 米，东西宽 3350 米，湖面周长 13110 米，湖水最深处达 373 米，平均深 204 米。

天池位于欧亚大陆东侧，具有典型的山地气候特征，一年四季不明显，冬季长达 10 个月，无霜期仅 60 天。年平均气温 -7.4℃，年平均降雨量 1340 毫米以上，年平均风速为 11.7 米 / 秒。11 月末开始结冰，至翌年 6 月中旬解冰，冰层厚达 1.28 米。天池北侧有一缺口，湖水经通天河（也叫乘槎河）外流，至一个落差 68 米的瀑布跌水下流，这就是松花江的上源——二道白河的源头。天池作为东北地区最高、最宏大的天然水塔，在农耕和人类经济活动及生存发展中扮演着重要角色。

火山景观保护的重要意义是什么？

长白山火山是长白山国家级自然保护区核心区域的重要景观，原则上一草一木一块石头都不允许拿。这里的一切都属于自然遗迹，是自然界赐予我们的宝贵遗产。

长白山的形成有其特殊的来源，它形成了一个特殊的火

◎鸭绿江峡谷

◎鸭绿江峡谷岩壁

山景观，而这个景观是世界上其他地方少有的。长白山具有
非常明显的森林带，分布着不同的生物。长白山的火山景观
保存着基本的原始状态，火山喷发塑造出来的森林类型、锦
江大峡谷、鸭绿江大峡谷、二道白河大峡谷、天池火山口湖
等壮观的火山地貌都是不可再造、不可复制的。更重要的是，
长白山地质呈现了地球地质生物生态演化的过程，是自然界
留给我们人类的宝贵财富。如此意义重大的火山景观，我们
不能破坏它，而要保护它，维持它的原始性，珍惜自然界赐
予我们的如此壮观而美丽的火山遗迹。

16. 足迹的驱动力

◎自然的溪沟和人行道

　　从世界范围看，高山山地苔原带在人类活动和自然环境的干扰下发生了变化，道路的修建、旅游的兴起及各种建筑的建造和开发，使高山山地苔原带的生态系统受到多种多样直接或间接的影响，逐渐变得脆弱。无论是自然的、还是人为的对高山生态系统的干扰，都会给环境和各种生物群落带来长期的影响和后患。

长白山是松辽大平原的屏障，失去高山植被比失去平原林或山地林更为严重，保护长白山高山植被确为当务之急。山地苔原带可以说是一颗绿色的明珠，自 1702 年最近一次火山爆发以来，长白山高山山地苔原带植被系统的发育及其区系成分与极地地区的亲缘关系，至今仍不甚清楚。至于许多极地植物在火山大爆发以后如何散布、迁移、扩殖和演替等更是鲜为人知。因此，珍惜和保护这颗明珠，是一项艰巨的任务。

我记得最早一次徒步穿越山地苔原带是 1990 年的 7 月，那个时候环绕天池周边群峰的小道还很模糊，常常走着走着就不见小道了。时隔十多年之后，我带着考察任务曾徒步穿越山地苔原带 3 次。

2000 年后，长白山山地苔原带发生了巨大的变化，从高处俯视，清晰可见一条弯弯曲曲攀缘上天池周边山峰岭脊的小路。这是因为从 1990 年至 2000 年的 10 年间，成千上万的游客环长白山山峰穿越活动，形成了卫星图片上轮廓清晰的景象。人们为了满足自己的欲望，在这片绿色明珠上留下了难以自然恢复的、不断扩张的伤痕。

坡地上践踏出的小路，在风和雨水的作用下变得越来越宽。路面的泥土被水冲到低洼处堆积，细沙和粗沙在水的作用下分离得非常清晰。坡度大的小道上植物根系裸露，在日照下干枯。较深的冲沟边缘植被层悬空，几欲坠落。有些轻微的冲沟中的阴面还有一些苔藓附着，这些苔藓地衣为防止水土流失而努力挣扎着。

西坡至北坡环绕天池的几条人行小道，路面不足 1 米宽，

◎沿山脊形成的人行小道

◎人行道在风雨中不断扩展

有些坡度较大的地方已被冲刷成三四米宽，有的地
段达到 20 多米宽，甚至有些以松散的沙土为主的
路段冲刷面宽已超过 50 米。在比较宽的冲刷面上，
清晰可见火山岩、火山碎屑和细沙，疏松的地面形
成深浅不一的泥石流冲沟。几条冲沟越往下越宽，
且越来越深，最后汇集在最低的地方并冲破口子。
在这里可以看到水的力量，上面汇集的水在这里释
放，带着沙土、碎屑、植物根茎等冲向谷底。原本
都是植物固表的坡地，被这股水流冲出一道沟。

◎人行道上清晰的冲沟

　　一片裸地是水土流失的根源，一条不起眼的水沟可以引起大面积的泥石流。每当遇见被大面积践踏的地表时，我总要看看这里的植物生长状况、土壤的湿度和板结程度以及地上活动的昆虫等。裸露的土表上几乎没有植被，偶然见到蓼、莎草和龙胆小苗在碎石间生长。冲刷面周边的土壤显得特别干燥和板结，有些喜湿植物长势萎靡，有些则处于枯萎状态。种种迹象表明，大面积地表水没有机会存留在土壤中，周边的植物不能充分吸收水分。冲沟的影响不单是产生泥石流，更重要的是加速了坡地上雨水的径流。因土壤缺水导致土表干燥，在风的侵蚀下会化成小颗粒尘土，久而久之就会形成局部沙丘化。

◎水土流失

　　我从 2007 年开始对道路生态产生浓厚的兴趣，对长白山地区道路对野生动物以及路域环境的影响进行了长期观测。可能是职业的关系，每次到长白山山地苔原我都要关注道路上的问题，如动物路杀、路边的植物生长情况等。

◎苔原上的道路

　　有一次，我从长白山南坡苔原带沿路徒步行走，一边调查路边活动的高山鼠兔，一边给植物拍照，顺便考察路边形成的冲沟。山上的天气变化莫测，说变就变。我看到远处一片乌云飘过来，乌云下拖着灰蒙蒙的雨雾，朝着这边移动。这是一场暴雨，很快在我的头上方倾盆而下，但是北坡那边远处的天还是晴朗无云。

　　雨点很大，落到路面上溅起水花，雨水在水泥路面上流动，很快汇集到公路的排水沟里。从高处坡地公路上流下来的水，在我面前已经形成了不小的流量，排水沟就像一条小溪沟。水流越来越大、越来越快，还携带着浮岩、砂砾、木屑等。较大的浮岩在水的冲力下翻滚着，在缓坡的地方形成堰塞。如果水位上升到了极限，会突破堰塞，水流会更加猛烈。

　　我跟着水流往下走，走到下坡和上坡交接的地方，水积得更深了。水在最低的路边冲出一个口，冲入苔原。我在这里看到了水流冲刷形成的深沟，深约 2 米，上宽 4 米左右，一直延伸到坡地下面。坡地下面是从上面冲刷下来的细沙和浮岩等，覆盖在草地上。深沟的两侧是已经枯死的牛皮杜鹃，地表上零星可见裸露的沙土，上面生长着喜干燥贫瘠的小叶樟和菊科植物。

　　降雨持续了约半个小时，接着是一阵风吹来。我沿着道路继续往前走，一路上见到许多因水冲刷产生的冲沟。我深刻地认识到道路为我们提供了物流、人流、信息流，同时，对生态环境也产生了多方面的负作用。那么，为了维持苔原的原始性，我们应该做些什么呢？

◎道路排水沟冲刷

◎道路排水引起的水土流失

17. 风蚀的旋涡

秋天，我一大早从长白山主峰徒步下山。天空非常晴朗，阳光充足，但昨天的雨使空气凉气十足，地面上矮小的草已经变了色，零星还能见到白山罂粟、宽叶仙女木等花朵，一只野蜂还在光顾这些花朵。两只大嘴乌鸦在气象站附近活动，空中一只孤单的燕隼还在盘旋，有一群20多只的松鸦在山地苔原活动，它们从主峰飞下来，在草地上寻找食物。

我沿天池气象站西北侧的人行小道步行。附近的植被非常稀疏，枯黄的草在火山浮岩上一丛一丛地生长，看上去就像草丘。再往下走，眼前醒目地出现了一块一块分布零散的在雪蚀、风蚀和冰融作用下形成的凹坑。火山锥体东北侧、东侧和东南侧的迎风岭脊和坡地，因为风蚀和雪蚀作用特别强烈，冬季雪被很薄或没有雪被覆盖，所以这里的植被覆盖度不超过

◎ 风和水掠过的地方

◎冰原地貌——雪和风形成的坑穴

20%，没有植被覆盖的地表由于受到风雪的强烈侵袭（风速可达40米/秒）和暴雨的猛烈冲刷，土壤和细沙难以固居原位，加上融冻分选这一冰缘过程的强烈作用下，地表常为碎石块覆盖。

虽然这里的海拔在2200米以上，夏季雨量充沛，但由于这片地段多为岭脊和较陡的坡地，加之地表的植被覆盖率低，难以长时间截留雨水，往往是暴雨之后不久地表便变得干燥；再者，由于遍布碎石的地表在阳光的强烈照射下增温迅速，使碎石缝隙中和碎石层下的土壤水分快速蒸发，难以留存。因此，能在这种特殊环境下生存的植物不多，且大都具有耐旱性。

在这样的环境中，我们可以见到植物适应环境的各种特征。例如，长白红景天、白山罂粟、斑瓣虎耳草和毛山菊等叶表蒸腾面缩小，肉质多汁化；毛山菊、旱生点地梅等植物的叶背面密被茸毛，以阻碍水分从气孔蒸发；倒根蓼和宽叶仙女木等植物的叶缘反卷；长白米努草、松毛翠和长白红景天等植物的叶呈针状等。这些特化特征均有利于减少植物体内的水分蒸发。

斑瓣虎耳草、白山罂粟、长白米努草、旱生点地梅、长白棘豆和轮叶马先蒿等植物的叶子密集于茎的基部，呈莲座状，这样不仅减少了风蚀和雪蚀的伤害，也减少了水分的蒸发。像长白红景天等植物，地上的茎叶部分只有 2~3 厘米高，而地下的根系部分可垂直向下分布到 15 厘米深，这种茎根比例类似于生长在荒漠中的植物，这也是一种耐旱的表现。这些植物之所以能够在石块遍布的山地苔原带这种严酷的环境下生存，正是因为它们具有适应于这种高寒干旱环境的相应习性。

在山地苔原带细心观察每个角落和每个细节，可以领略到山地苔原带的神奇。在一个山坡避风的地方，我看到一个风蚀的土穴，在风吹出来的土壤剖面上，有 10 厘米左右的土层，发育较弱，上面植物残留物很少。这里强劲的风力把枯死的植物茎叶吹向远处，因而土壤质地为松沙土和紧沙土，土壤有机质含量较低，缺少泥炭化的粗腐殖质层。剖面形态表现出明显的粗骨性、薄层性和层次分异不明显等特征。

我们在岭脊和坡地上看到白山罂粟、倒根蓼、长白棘豆等构成的群丛，它们生长在地表覆盖碎石的地方和石隙间。这里约有 30 种植物，其中优势种为白山罂粟，其次为倒根蓼和长白棘豆。其他植物有毛山菊、斑瓣虎耳草、轮叶马先蒿、高岭风毛菊、长白红景天、珠芽蓼、岩茴香、珠芽羊茅、蒂草、高山龙胆、假长嘴苔草等。

随着海拔高度的下降，我们遇到了以牛皮杜鹃和松毛翠为建群种的植物群落。牛皮杜鹃成片生长在低洼潮湿的坡地上，而以松毛翠建群的群落则生长在坡地比较干燥的地方。从外貌上看，这一植物群落有明显的建群种的特征，但大多与杜鹃花科的越橘属、杜鹃属、天泸属、松毛翠属和宽叶仙女木等混生。

到了黑风口，附近有高山鼠兔在叫。站在黑风口，向西侧的 U 形谷望去，我们看到三只燕隼在空中翱翔。正在我们欣赏隼的美姿时，远处的白云峰上空出现了九只盘旋的普通鵟。盘旋了几分钟后，有只小小的隼也混入了鵟的队伍，它们慢悠悠地在空中盘旋几圈后消失在西边远处。

U 形谷是冰川侵蚀留下的冰川地貌，从高处俯视它的全景，的确很令人震撼。谷底是从天池流向北面的河流，两岸的悬崖峭壁上刻满了冰川作用的蚀痕，风化跌落的一道道泥石流印刻在古老的冰川遗迹上。在陡坡上，一排排岳桦树沿着沟坡向上生长着。在这里我们见到了——冰川地貌、火山遗迹和绿色植被交织一体的自然奇观。

这天上午风不大，天上没有云朵，但是到了中午，白云峰那边形成了大块云朵，西边也出现了黑云，并以较快的速度奔向天池，集聚在天池上空。我们站在黑风口，顿时感到一股强劲的风袭来，于是不得不俯下身，用手攀住石头或矮小的灌木，一步步躲到能够避风的地方。

风越来越大，在风的吹动下，细细的沙子在移动。椭圆形的土地，就像一个布袋子，迎风的面深，风吹到洼处，

◎风蚀

把沙土掀起来，刨出土坑。沙土一点点埋没周边的小草，土坑变得越来越深。接着，一阵大雨淋透了地表根茎层，地表经不起雨水的沉重，最后塌陷下去。一阵更强的风袭来，沙土在坑穴中旋转，然后顺着风力被抛出很远的地方。

从山上往下去的徒步路线上，到处可见土坑和裸露的沙地，特别是黑风口附近，水土流失严重。观测点水土流失的地面宽度已增加到6~8米。坡度大的地面流失的浮石和沙土颗粒较大，覆盖了大面积的草地。我们认为频繁发生的风蚀、雪蚀或水蚀主要是人类各种活动带来的负作用，如在坡地上留下足迹、挖痕，修建道路排水沟，随意搬动岩石或人为堵塞设施等。

◎坡地上风刮的痕迹

◎山脊坡被风吹得几乎没有植被

长白山高山冻原带的土壤，是在高融高温的特殊冰缘环境条件下，由浮石质火山碎屑等火山喷出物发育而成的高山冻土。由于成土过程是以物理作用为主，化学和生物作用相当微弱，加之多次火山喷发的影响，成土时间较短，所以土壤明显地表现出粗骨性和薄层性特征。由火山喷出物发育而成的土层，抗物理作用非常脆弱，经不起风雨的冲击，一旦地表植被遭到破坏，没有了庞大坚固的植物根系的固土作用，将对土地产生灾难性的、不可挽回的破坏。

山地苔原带靠下部生长的笃斯越橘结了很多黑色果实，还没有完全掉落。我们在观景台附近见到黑熊和野猪取食越橘的痕迹。取食地点靠岳桦林近一些，这样有利于它们躲避。靠近岳桦林时，我们见到树鹨、褐头山雀和大嘴乌鸦。在有落叶松和冷杉的地方见到红交嘴雀小群，在松树上用相互交叉的嘴撬开球果鳞片觅食种子。

我只要有机会就到黑风口一带观测多年前标记过的地方，并拍照记录水土流失状况。记录的笔记如下：

2006 年 8 月 30 日 晴转阴

主峰山地苔原带。大嘴乌鸦 10 只、隼 2 只、沼泽山雀 2 只、雨燕 10 多只，这几年不多，但今年开始多了些。黑风口上部水土流失严重，多处扩张，尤其是人行道上流失明显。地表石砾大小主要以 3—4 厘米为主，地表下层多为细沙，冲沟深可达 50—60 厘米。人为破坏地表植被后多形成风旋冲砂的窝风坑。

在黑风口上部大湾处的路边排水沟向下坡地排放，

◎风蚀的痕迹

现形成了 4 条冲沟，可能将冲出深沟。

见到老森警蔡队长，他说在山地苔原带见到过 30 多头一群活动的马鹿，过去经常能见到，熊也成小群活动在山地苔原带……

18. 一季异色

◎西大坡瀑布

  岳桦在高山树木线上环绕，它那白色的树干、棕褐色的枝条和弯曲的姿态，给人一种美的感受。尤其在秋季的头一场霜降后，从高空中俯视，会见到金黄色的环，镶嵌在红色的山地苔原带和绿色的针叶林带之间。

　　冬季，山地苔原带为白雪覆盖，整个山谷里积满了大风吹来的雪，这些雪是山脊上的雪。风把山脊的雪带走，露出山的脊梁、山的岩石。有时会有一只金雕停落在岩石上休息，或一只高山鼠兔在岩石缝隙中探出头，对着天空叫。

　　山坡上的强风塑造了一切景色，风在雪白的雪被上划出辐射的线条，一条条线条从山脊向谷底延伸。这里除了白雪，还有那强劲有力的风，存在于开阔的山地苔原的各个角落。风把整座山吹得一尘不染。

◎冬天的苔原

◎强风吹过雪的痕迹

　　春天的阳光射进覆盖着白雪的山地苔原，消融了雪，白河倾吐出欢乐的歌声。牛皮杜鹃冒出了嫩芽，顶穿林中的雪层，绽放出可爱的花朵。从温暖的地方开始，牛皮杜鹃相继开花，大地上铺满了杜鹃花。小鸟鸣唱着，赞颂着春天的美。春天来到了高山上，春天的日头闪闪发光，沉睡的小动物苏醒了，寂静的冬天过去了。

◎春天复苏的藜芦

◎高山花景

开阔的山地苔原，已换上了绿色新装，可那山峰却白雪依旧。高高的长白山群峰上，白雪闪耀着银光，宛如一朵白花，无比美丽。出色的景色激起人们的无限向往，奔赴这里欣赏奇异的美。

6月的太阳在地平线上升起，酷热的阳光融化了山峰上那不愿意消融的雪。连绵的悬崖峭壁的中央，火山口湖面的冰雪也融化了，露出蓝蓝的天池。瀑布的水柱，仿佛从高处飞下的一条龙，浪击形成了白色的蜿蜒曲折的白河，长长地流淌着。

◎苔原溪流

　　短暂的春季，百花争艳，昆虫忙碌在花朵之间，鼠兔、鸟类进入了繁殖阶段。一切都是为了繁衍自己的种群，在有限的时间内极力完成自己的生命之歌。草地上，成群的马鹿飞奔，高山的白腰雨燕搏击长空，南来的鸟飞过崇山峻岭迎接着春天。

　　当岳桦的树叶变黄，苔原像是铺上酒红色的地毯，短暂的秋季到来了。绿色的海洋静悄悄隐去，大地上呈现出以红色、黄色为主调的景象，微弱的阳光照射着已谢落的花朵，蜜蜂鼓振着小翅膀，爬在蓝色的花朵里享受最后的晚餐。秋天，红叶染红了地面，苔原的秋色一天天加深，不同颜色的植物丛系为苔原编织出笔墨难以形容的马赛克般的美景。

◎访花客

178

苔原上，笃斯越橘和小苹果的果实已经熟透，长途旅行的候鸟、大嘴乌鸦、松鸦、棕熊、黑熊和小型啮齿类动物为了补充营养，为了漫长的冬眠，都到这里来觅食自然恩赐的美味。为了过冬，高山鼠兔必须在秋季储备足够的粮食。它们在季节交替的秋色中相聚在这里，又在秋色褪去的时候一瞬间消失了踪影。

在气温骤降的一个夜晚，美丽的景色完全变了模样。北风呼啸着刮来，带着冬季寒冷的气息，像霜刃般一扫而过。

◎秋天的峡谷

◎深秋苔原的酒红色

◎秋季的雪和枯草

　　岳桦金色的叶子只是短暂的存在，风雪来临，叶子便随着风雪，飘落在地上。这时，地表草本植物大多已枯死或休眠，唯独牛皮杜鹃和小越橘灌木依旧叶绿挺拔。短暂的秋天结束了，这片林地没有了蝴蝶、蚂蚱，鸟也很少光顾，只能听到石堆中高山鼠兔的叫声，却常常被劲吹的大风淹没。此刻能感受到的唯独是大自然的声音，感受到树木、草和动物对季节变换的适应和理解。

　　长白山苔原的秋色为什么这么短暂？我喜欢苔原这种秋天的气氛，短暂的时光里充满了季节交替的绚丽。在苔原，植物都喜欢冬天的大雪来得早一些，大雪覆盖在它们的躯体上，可以使它们免遭冷空气的伤害。大雪覆盖在大地上，使许多动植物在雪下温暖的环境中安稳度过严寒。

　　冬天，雪花无声地纷飞，覆盖了一切，小溪被浮雪所封，天池湖面上漂动着浮冰，像花瓣似的随风漂流，等待着更加寒冷的气息……

◎冬天的天池

© 冬季的雪